A MARKET GUIDE FOR FISHES & OTHERS

大樹經典
自然圖鑑系列
01

A MARKET GUIDE TO

菜市場 魚圖鑑

吳佳瑞・賴春福◎撰文　潘智敏◎攝影

菜市場 魚圖鑑　Contents

A MARKET GUIDE TO FISHES & OTHERS

端上桌的魚鮮 族繁不及備載

A MARKET GUIDE TO FISHES & OTHERS

全世界的經濟水產品，日本水產品進口協會估計達一千八百種左右。台灣是個水產魚鮮的消費天堂，據不完全的統計，消費量高居世界第二！漁市，對於漁民和消費者來講，其地位就好像運動員和體育迷心目中的奧林匹克運動會一樣。

想要認識這些我們每天端上桌的魚鮮，除了大吃大嚼之外，要從哪兒下手？如何去了解？特別是讓人眼花撩亂的各種魚、蝦、貝、藻，似曾相識，又說不出個名堂。同樣的一條魚，在不同的國家、不同的地區、甚至相同地區，也有不同稱謂和叫法。名字的來源也是五花八門，俗俚不分，不要說市井小民，連專家學者也常搞得一頭霧水。

於是乎，魚鮮家族與其他生物有了迥然不同的命運，牠們在一般人的生活中是家常而熟悉的，也是重要的食物來源之一，不論是漁夫、魚販還是家庭主婦，魚鮮家族有著另一套的分類系統，「菜市場名」是大家溝通的依據。也因此我們這一本『菜市場魚圖鑑』就是從一般人熟知的菜市場名（多半為台語發音）出發，讓漁市成為認識魚鮮家族的好地方。

根據日本水產品進口協會的統計，全世界的經濟性魚鮮生物種類有上千種以上：七鰓鰻和鯊類約有71種左右；鱝、銀鮫和鰩類約有79種左右；鯡類81種；鮭、鱒類有58種左右；鯉、鯰、鰻、康吉鰻、鱷類有67種左右；背棘魚、顎針魚、秋刀魚、䲁、飛魚類有64種；海魴、鯔、麒鮴、烏魴類有64種；鮪、鯖、旗魚類67種；竹筴魚（鰺）、鰤類73種；白鯧、銀鯧、大眼鯛、鱸魚、鮨類82種；笛鯛、石鱸、金線魚類75種；裸頂鯛、鯛、石鯛類55種；裸頰鯛、鯛、石首魚類67種；羊魚、䲁、方頭魚、鼬鳚類75種；蝦虎魚、隆頭魚、鸚嘴魚、蝴蝶魚、刺尾魚、籃子魚類68種；平鮋、銀鱈、印度鯒、杜父魚、魴鮄類91種；鱈、無鬚鱈、鮋鮋等67種；左鰈、右鰈等魚類111種；單角鮀、河魨、翻車魨、鮟鱇類等魚類63種；甲殼類中，糠蝦、磷蝦、蝦蛄、對蝦、長額蝦類等77種；龍蝦、青龍蝦、扇蝦、螯蝦、櫻蝦類計35種；椰子蟹、螃蟹66種。至於頭足類，全世界有450種，經濟種類近70種，常見的包括章魚、魷魚、鎖管及花枝等，台灣常見的鎖管（小卷），指的是小型管魷類。

本書就是從台灣市場常見的種類中，以及餐桌上大家經常食用的魚鮮，挑選一些代表性的種類，雖然內容說不上全面，只有近200種的種類，但希望能夠在市場、餐桌和漁業生物學搭起第一道對話的橋樑，應該算是台灣首次的嘗試。我們不敢說，這本書的介紹方式和嘗試是成功或成熟的，未竟事功的部分，希望讀者們不吝指正！讀者諸君，有時間多到漁市走走！發現新漁種去！

本書得以付梓，要感謝李思忠、伍漢霖、童逸修、姜枬山、李定安、邵廣昭、李國誥、曾晴賢、歐慶賢、劉進發、陳正平、何平和、陳天任、黃貴民、張詠青、莊棣華、施習德、鄭明修、洪聖宗、陳懸弧、邱郁文、李池永、黃陳勝、陳鴻鳴、賴春文、曾美嘉等多位教授、博士、先生、諸君，多年來在學術與產業等各方各面給我們的指教與支持。

賴春福　吳佳瑞

魚鮮家族之美不勝收

A MARKET GUIDE TO FISHES & OTHERS

　　臺灣四面環海的條件，光是到漁市場繞一圈，各式各樣的漁獲品將讓您目不暇給，食指大動。而經常走動漁港、漁市時，看見一簍簍虱目魚魚頭滑溜溜的圓形大眼珠子，有序地灑落在冰塊中；銀白色的白帶魚將魚販攤位上的照明燈光反映在老板的笑容；被草繩捆綁的大紅蟳，掙扎地直吐泡沫；泰國蝦在氧氣水盆中彼此互踢練練身手；蚌蛤伸出白色的身軀觸摸一旁伙伴們，吐出牠們的砂粒心聲；青花魚銀白身上紋有漂亮的雲狀花紋等。這才發現這些魚產充滿輪廓、線條、造型、鮮亮色彩、高反射鱗片質感、豐富階調層次等視覺元素，「鮮美」一詞活生生地呈現在潔白晶瑩的冰塊上。嘗試以感光材料的寬容領域來詮釋魚的美好，於是走訪漁港成為日常生活上追求美的另一路徑。

　　而從魚販海口腔調的叫賣聲中，耳濡目染地得知魚產俗名和稱號，非常方便記憶，但因魚產的種類繁多，有時還站在老板面前還價了老半天，才發現老板手中拿的並非我所要的魚，這種情況更讓我確認此書出版的意義與總編的想法。雖然只負責影像圖片的拍攝，卻也更辛勤及明確的表達漁市中的常見種類，希望藉由這本書的出版，讓大家更接近認識臺灣的漁產資源。

　　攝影有其記錄呈現的價值，因為魚類的鱗片體色有些反射非常高，所以在拍攝這些魚獲皆以實際的反射階調做為曝光依據，在技巧上並無太多運用，只配合印前作業將影像忠實完整表達。魚的攝影工作經一年多來的奔波勤走，為了魚的新鮮與美色，天未破曉前即需至漁港找尋魚種，像是挑選媳婦般的揀選魚，隨後馬上拍掉冰存，家裡頭若沒有六尺大冰櫃的冷凍，真不知這些魚要如何保存處理。任何攝影主題的深入，都是一種快樂的體驗與學習，海風鹹鹹也讓我充分體驗到臺灣之海產美食滋味，當然幕後海鮮料理、幫忙攝影現場處理魚貨的內人芳姿更是不可或缺的得意助手。

　　另外我還得向所有臺灣漁港、漁市的魚販頭家們致意，謝謝您們生意百忙中協助我的攝影工作，並不厭其煩地解說魚種。總編出資買魚也讓我少遭不少商人的白眼，並使大家在這段日子裡飯桌上多增美味的海產菜色。更感謝讀者的支持與關注，創作的路上有您們的鼓勵下，我永遠不孤獨。

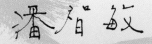

餐桌上的生物學

A MARKET GUIDE FOR FISHES & OTHERS

台灣是個海島國家，四面環海，海洋對我們而言，不僅是生活上的安全屏障，更是賴以生存不可或缺的食物來源之一。只是長久以來的政治因素，讓我們這些原本應是海洋之子的台灣人，卻是與海隔絕的，原本先民對海的熟悉和生活智慧一點一滴地流失了，加上對海洋保育和永續經營的輕忽，導致海洋資源的日益匱乏。

幸而政治環境的改變，許多不合理的束縛和箝制正逐漸瓦解，我們可以親近海洋，可以搭上藍色公路的遊艇，一睹台灣美麗的海岸和蔚藍的海水，喜歡潛水、釣魚和賞鯨的人也可以享受應有的休閒之樂。只是對於隔絕四五十年的大海，我們該用什麼樣的態度去親近它，保護它，這才是當下最需要好好學習的課題。

海洋提供我們日常生活中大量的魚鮮食物，大家對於這些魚鮮可能所知不多，但都懂得怎麼吃，不過只要問到一些有關魚類知識的事，大家就傻眼了。以往大家

要認識海洋生物，就只能往海洋博物館、海洋公園或是水族館跑，但對於不會潛水的人，大概永遠只能隔著玻璃看著這些生物。

其實大家都忘了，還有一個地方是認識海洋生物的最好去處，那就是「菜市場」或是漁港的「魚市」。台灣人喜愛吃海鮮，旺盛的消費需求讓台灣的魚鮮不僅種類繁多，而且物美價廉，我們每天餐桌上都少不了魚鮮，實在應該好好認識一下。

不過第一個面臨的問題就是，名稱的混淆不清。漁夫和魚販長久以來已經有一套行之多年的分類系統，這一套命名方式和生物學的分類是不一樣的。「菜市場名」是在魚市中行走學習的第一課，不會這個，不僅買不到魚，也永遠無法得其門而入。而且菜市場名多半以台語發音，聽不懂台語的人恐怕也很難走入菜市場學習。

8

為了在市場、餐桌和生物學之間搭起第一座溝通的橋樑，大樹特別策劃製作這一本『菜市場魚圖鑑』，打破一般魚類生物學的分類介紹方式，反而以在菜市場通行無阻的「菜市場名」為主軸，再輔以每一個人都看得懂的顏色，挑選出常見的魚

菜市場裡琳瑯滿目的漁獲，令人垂涎三尺，但你叫得出幾種魚的名字（黃一峰 攝）

鮮種類近200種，介紹其相關的生物知識以及台灣的利用方式或俗諺等，使魚鮮不僅僅是食物而已，更是海洋生態系裡的重要生物，而生活知識的累積，更有助於拉近我們與海洋之間的浩瀚距離。

為了方便大家辨識魚的特徵，在挑選種類時我們捨棄了大型魚，因為在市場中牠們大多已切塊成一片片魚肉，很難拍攝到完整的個體，因此全書的魚鮮家族即以可看到完整個體的種類為第一優先選擇。此外，有一些特殊的種類雖然很少有人食用，但在魚市中也常看得到，所以我們還是把牠們納入介紹。

這本書的出版除了將菜市場的魚類名稱做了首度的整理之外，更重要的是希望大家把菜市場當成最好的學習課堂之一，認識大自然不僅僅是走出戶外，深入人跡罕至的野外，事實上我們的生活就是大自然的一部分，當然處處都值得學習與認識。

台灣四面環海，魚鮮種類豐富而多樣，享受大自然的恩賜之餘，應該要好好認識這些魚鮮家族。魚類有各式各樣的外形和顏色，擺放在魚攤上，格外賞心悅目（黃一峰 攝）

魚類形態簡易圖解

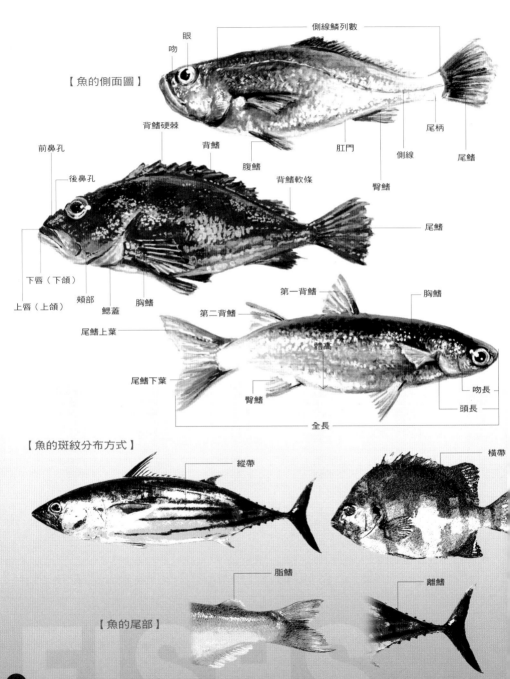

【 魚的側面圖 】

眼
吻
側線鱗列數
背鰭硬棘
背鰭
腹鰭
肛門
側線
尾柄
尾鰭
臀鰭
前鼻孔
後鼻孔
背鰭軟條
尾鰭
下唇（下頜）
上唇（上頜）
頰部
鰓蓋
胸鰭

第一背鰭
第二背鰭
胸鰭
尾鰭上葉
體高
尾鰭下葉
臀鰭
吻長
頭長
全長

【 魚的斑紋分布方式 】
縱帶
橫帶

脂鰭
離鰭
【 魚的尾部 】

A MARKET GUIDE FOR FISHES & OTHERS

【白色魚族】

水晶魚 *Neosalanx tangkahkeii taihuensis*

■中文種名：陳氏新銀魚　　　■別稱：小銀魚　　　■外國名：Silver Fish

白色魚族

水晶魚在魚類分類中是屬於胡瓜魚目（Osmeriformes），胡瓜魚亞目（Osmeroidei），銀魚科（Salangidae），新銀魚屬（*Neosalanx*），中文種名為「陳氏新銀魚」，是在1931年由Wu所命名發表的。

台灣沒有水晶魚的分布，牠們原產於中國大陸長江的中下游，大多棲息於長江流域周圍的湖泊中，屬於小型的淡水魚類，食性為雜食性，以各種浮游生物或有機屑為食。

由於水晶魚只產於中國大陸的長江流域，又是太湖的特產，因此其中文名也常稱之為「太湖新銀魚」。因其繁殖力強，因此在原產地的產量十分的多，在中國大陸5月至8月為其盛產期，所捕獲的水晶魚大多出口到其他國家。台灣並不是水晶魚的產地，因此市面上所見的水晶魚皆是由中國進口的，在一般的市場較少見，但在餐廳或海鮮店則多半有這種魚。水晶魚無刺且肉質細嫩，因此在台灣是很受歡迎的食用魚，幾乎都是以裹粉油炸的方式料理，酥脆的外皮搭配細嫩的魚肉，是大人小孩都喜愛的魚料理。

體側略帶有點透明的白色。

水晶魚的體型細長，身體切面幾乎呈圓桶型，頭小，眼大，吻端尖，吻的兩側稍微內凹，側線完整且走向平直，單一背鰭，背鰭小且位於背部的後方位置，背鰭後方具有一個小脂鰭，尾鰭形狀為叉形。

魚鰭顏色皆為半透明。

鯷仔魚 *Encrasicholina punctifer*

■中文種名：刺公鯷、布氏半棱鯷　　■外國名：Buccaneer Anchovy(美國加州)

鯷仔魚在魚類分類上是屬於鯡亞目（Clupeoidei），鯷科（Engraulidae），半棱鯷屬（*Encrasicholina*），台灣使用的中文種名為「刺公鯷」，本種在1938年由Fowler所命名發表的。

台灣周圍的海域皆有產鯷仔魚，而以東北部或南部最多。鯷仔魚是群居性的洄游性魚類，常成群在沿岸或是較大洋區的表層洄游，偶爾會成群進入潟湖或內灣。其食性為雜食，屬於濾食性魚類，利用鰓耙濾食水中的浮游生物，鯷仔魚也是其他大型魚類如鮪魚或鯖魚的主要食物來源。鯷仔魚在台灣是經濟價值很高的小型魚類，在台灣北部所捕獲的鯷仔魚以刺公鯷（*Encrasicholina punctifer*）為主，而南部捕捕獲的鯷仔魚則以印度小公魚（*Stolephorus indicus*）這一種為主，產量以東北部及澎湖地區最多。捕撈方式以焚寄網或巾著網為主，捕獲的鯷仔魚大多是加工製成魚乾後才出售。鯷仔魚是台灣東北部很重要的經濟性魚類，也有不少漁港或漁民是以捕撈鯷仔魚維生，但牠在海洋裡扮演非常重要的生態角色，更是很多種魚類賴以生存的食物，過度捕撈往往也會嚴重危害海洋生態的平衡，一些國家甚至已經禁捕鯷仔魚。

鯷仔魚的肉質柔軟細緻且微鹹，因此料理大多以調味為主，其中最常見的料理方式有煮粥或羹，如鯷仔魚粥、鯷仔魚羹等，在煮湯時加些鯷仔魚更可增加湯的美味。此外，鯷仔魚也可以做成蛋餅，其做法十分簡單，只要在一般做蛋餅的過程中灑上鯷仔魚再捲成蛋餅，即可完成美味可口的鯷仔魚蛋餅。

身體細長體型小，背緣平直，頭部中大，吻端尖，眼大，口大，上頜比下頜突出，身體的鱗片屬於易脫落的小圓鱗。牠不具有側線，背鰭位於身體中央的位置，背鰭形狀似於三角形，腹鰭的位置約在背鰭基部前方之下，臀鰭的位置約在背鰭基部後方之下，尾鰭形狀為叉形。身體顏色為略透明的銀白色，身體兩側各具有一條銀白色的縱帶，魚鰭顏色除了背鰭與尾鰭為淡青色外，其他的鰭都是呈半透明。

Silver

A MARKET GUIDE FOR FISHES & OTHERS

【銀色魚族】

白帶魚的體型側扁細長，頭部較小，上頜短、下頜長而突出，口內長滿鋸齒般尖銳的扁牙，沒有腹鰭及尾鰭，尾部逐漸縮小成細長鞭狀，背鰭很高且很長，由頭部與身體交接處開始一直延伸到身體末端，全身覆蓋銀色的細鱗，使整隻魚看起來像銀白色的帶子。

白帶魚 *Trichiurus lepturus*

■中文種名：白帶魚　　■別稱：腳帶魚、裙帶魚、銀刀魚、肥帶魚、油帶魚

■外國名：Largehead Hairtail,Cutlassfish,Scabbardfish(美國加州),Ribbonfish(泰國、印度),Layor,Selayor(馬來西亞),Poisson sabre commun(法國),Pez sable(西班牙)

白帶魚在魚類分類學上是屬於鯖亞目（Scombroidei），帶魚科（Trichiuridae），帶魚屬（Trichiurus），中文種名為「白帶魚」，本種在1758年由Linnaeus所命名發表。明代的『閩中海錯疏』是中國最早記錄白帶魚的書。

台灣白帶魚的分布以北部及西部海域為主，為台灣十分常見的海產魚類，主要棲息於沙泥底質的海域，屬暖水性的近海洄游魚類，春天會靠近沿岸成群洄游，此時是最容易捕獲或釣獲的季節，夏季時會成群北上到東海、黃海附近產卵，冬季時再返回台灣海峽或南海來越冬，食性為肉食性，以小魚、蝦等海生生物為食。

白帶魚以蛇行的方式游泳，其體長可達1.5公尺，佈滿牙齒的大口也是重要特徵之一。白帶魚休息的姿勢十分特殊，通常會保持頭上尾下，當成群白帶魚一起休息時往往會形成很特別的畫面。白帶魚白天棲息在比較深的海底，到晚上才會成群游至表層覓食，因此漁民多在夜間捕抓，而海釣客也常利用晚上釣白帶魚。在台灣捕抓白帶魚的方式有底拖網、延繩釣或定置網等。

白帶魚可以鮮食或醃製，內臟可製魚粉，鱗可提取光鱗、海生汀、珍珠素、咖啡鹼、咖啡因等，以供藥用和工業用。其吃法很多，可鮮食，也有糟製、醃製、風乾、曬鯗等法。

在台灣，白帶魚最常見的吃法則是把白帶魚切成一節一節的直接下鍋油煎或裹粉油炸，在東北角海岸的漁村則用白帶魚煮湯，放入蔥或薑，然後和米粉一起煮，堪稱是漁村的絕配佳餚！

丁香魚的體型細長且腹部較圓，在整體上略成圓筒狀，尾鰭形狀為深叉型，魚體背部顏色較深呈淺褐色，其餘部分皆為灰白色，體側具有銀色縱帶。其頭部小且吻端鈍，上下頜長度約相等，鱗片為易脫落的薄圓鱗，沒有稜鱗，具有短小的背鰭，背鰭位置約位於身體中央偏前，臀鰭位於魚體的後半部，有11-14條軟條，腹鰭小，有8條軟條，全長可達10公分。

丁香魚 *Spratelloides gracilis*

■中文種名：日本銀帶鯡　　■別稱：鰷仔魚、灰海荷溫

■外國名：Silver-striped Round Herring,Silver Round Herring,
Silver Sprat,Striped Round Herring,Banded Blue Sprat

丁香魚在魚類分類上是屬於鯡形目（Clupeiformes）中的鯡亞目（Clupeoidei），鯡科（Clupeidae），銀帶鯡屬（*Spratelloides*），中文種名為「日本銀帶鯡」，本種在1846年時由Temminck與Schlegel所共同命名發表。

台灣四周海域皆產丁香魚，其中以澎湖為最大產地，喜歡群游於清澈的海域，棲息環境包括大洋區、潟湖以及沿岸，屬於外洋性的魚類，繁殖期才會比較接近沿岸。每年農曆3月左右，丁香魚母魚會洄游到澎湖北方海域，在具有海藻或沙質底質的海域產卵，食性為雜食性，以浮游生物、小型無脊椎動物及藻類為食。紅燕鷗喜食丁香魚，因此只要在海上見到成群紅燕鷗在海上覓食，即可推斷燕鷗盤旋的附近必定有成群的丁香魚聚集，也因此紅燕鷗在澎湖的漁村有著「丁香鳥」的稱呼。

提到丁香魚一定要知道澎湖縣白沙鄉赤崁村，因為捕撈丁香魚是當地主要的產業，每到春夏兩季就是澎湖北部海域捕丁香魚的時節，滿地正在曝曬的丁香魚飄散出海的味道，這景象已成為澎湖縣的重要景觀之一。不過因為丁香魚體型小，因此捕捉的網子網目十分小，往往也造成當地海域的生態浩劫，而為了保護丁香魚產卵與幼魚的成長期，因此澎湖縣政府於1999年5月1日起公告，澎湖的白沙鄉北部海域的漁場，於每年5月1日起至5月31日止為丁香魚的禁漁期，以使丁香魚的數量以及海域生態不至於受到太大的衝擊。

大部分的丁香魚在當地會被曬成魚乾或是醃漬出售，另也有加工廠油炸丁香魚製成酥酥脆脆的丁香魚乾，丁香魚乾在澎湖可說是重要的名產之一，另外新鮮的丁香魚則可用快炒的方式料理。

放大看特徵

下頷的長度比頭長

水 針
Hemiramphus lutkei

■中文種名：南洋鱵、無斑鱵
■別稱： 補網師、水尖
■外國名：Lutke's Halfbeak

水針的側線明顯且位置靠近腹部，背鰭短小不具有硬棘，背鰭的位置十分靠近尾柄，臀鰭位於背鰭下方偏前的位置，背鰭、胸鰭、腹鰭以及臀鰭皆十分的短小，尾鰭形狀為深叉形，下尾葉長於上尾葉，魚體顏色為藍灰色，腹部顏色為白色，體側中央有銀白色縱帶。其體型側扁且較細長，上頷短小，微微突出，下頷向前延長突出成針狀，下頷的長度長於頭長，此為鱵科魚類最明顯的特徵。

　　水針在魚類分類學上是屬於頷針魚亞目（Belonoidei），鱵科(Hemiramphidae)，鱵屬（*Hemiramphus*），而其中以「南洋鱵」這一種最為常見，本種在1847年由Valenciennes所命名發表。

　　台灣四周海域皆有水針的分布，幾乎都是棲息在沿岸的海域，為表水層魚類，喜群游覓食，生性膽小機警，每當受到驚嚇時會躍出水面以逃避敵害。每年的4月開始一直至7月中旬為水針的繁殖期，食性為肉食性，以浮游動物或水中的懸浮有機物為食。

　　台灣所稱的「水針」大多是指下頷突出成針狀的鱵科魚類，在台灣除了上述所介紹的南洋鱵以外，尚有斑鱵（*Hemiramphus far*）、瓜氏下鱵（*Hyporhamphus quoyi*）與日本下鱵（*Hyporhamphus sajori*）等。市場上的水針都是野外捕獲的，捕獲的方式以流刺網與定置網為主，夏季為水針的盛產期。水針在日本是做成生魚片的最佳食材之一，尤其日本下鱵更是做生魚片的高級水針，而瓜氏下鱵體型較小且只分布於西部沿岸，因此在一般市場上的利用性較低也較少見，而南洋鱵與斑鱵是相當普遍的種類。水針的料理以生食、油煎或炭烤為主，例如水針刺身、鹽燒水針或水針天婦羅等。

背鰭的前端鰭條較長

白鯧魚 *Pampus argenteus*

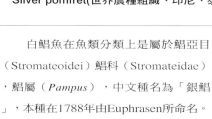

■中文種名：銀鯧

■別稱：白鯧、正鯧、車片魚

■外國名：

　Harvestfish(美國加州)，

　Bawal puteh(馬來西亞)，

　Halwa(印尼)，

　Aileron argente(法國)，

　Gray pomfret(印尼、泰國)，

　Palometon platero(西班牙)，

　Silver pomfret(世界農糧組織、印尼、泰國)

　　白鯧魚在魚類分類上是屬於鯧亞目（Stromateoidei）鯧科（Stromateidae），鯧屬（*Pampus*），中文種名為「銀鯧」，本種在1788年由Euphrasen所命名。

　　白鯧魚只分佈於台灣的西部海域以及北部海域，主要棲息於具有沙泥底質的近海海域，常活動於潮流緩慢的環境，白天大多在海底底層活動，覓食底棲生物、浮游性甲殼類或小型魚類，而晚上則會游至上層水域。白鯧魚有季節性洄游的習性，冬天棲息的範圍較集中且狹窄，每當春天時海底的暖流增強，白鯧魚會由較深的海域遷移至較淺的海域產卵，產卵後仍停留在沿海的淺水區域覓食及活動，直至水溫降低後才會遷移至較深的海域。

　　在台灣漁民捕抓白鯧魚的方式以流刺網、圍網或拖網為主，以10月至翌年3月為白鯧魚的盛產期。而鯧魚的食用價值在很早即有記載，如古代藏器曰：「鯧魚生南海，狀如鯽身正圓無硬骨做美羹食至美」。另外李時珍曰：「昌美也，以味名，或云魚游于水，群魚隨之，食其涎沫，有類于娼固名」。而嶺表錄內野有提到鯧魚的料理美味，可見鯧魚在古早的時代就已是很受歡迎的海鮮了。

　　在市場上分大鯧、中鯧以及小鯧，重量一斤以上者為大鯧，半斤左右為中鯧，而重量五兩以下者為小鯧，中鯧及小鯧因價格較低廉，在自助餐較常見，而一斤以上的大鯧因肉多細嫩肥美，常見於喜慶或海鮮店裡，是屬於價格較高的海鮮。鯧魚的食用方法大多以清蒸、紅燒或油炸為主，尤其體型較小的鯧魚幾乎都是以油炸來料理。

白鯧魚的體型為側扁的卵圓形，頭部小，吻端鈍圓，上頜比下頜突出，背緣以及腹緣呈弧形，上下顎都具有細齒，鱗片細小且易脫落，側線位置偏高，背鰭及臀鰭的前端鰭條較長，幼魚時期會特別明顯，胸鰭的比例大，幼魚時期具有腹鰭，但會逐漸退化消失，尾鰭形狀為叉形，末端較尖但沒有延長，尾鰭的外形類似燕子的尾巴，體色為銀白色。（黃一峰 攝）

圓白鯧的體型為側扁的圓形，背緣高且呈弧形，頭緣呈弧形，吻端鈍，上下頜等長，口小，覆蓋在身體上的鱗片為櫛鱗，身體的鱗片較大而頭部的鱗片較細小，側線完整且呈弧形。背鰭只有一個，背鰭的硬棘部與軟條部之間具有明顯的下凹，硬棘部的鰭條長，且有三條鰭條延長成絲狀，臀鰭外觀形狀與背鰭的軟條處相同並且相對應，腹鰭的第一根鰭條長並且延長成絲狀，尾鰭形狀為雙內凹的楔形。

延長成絲狀的鰭條

圓白鯧 *Ephippus orbis*

■中文種名：圓白鯧、白鯧　　■別稱：銅盤仔、燕子鯧、鯧仔魚

■外國名：Orbfish, Spade Fish, Round Spadefish, Orbiculate Spade Fish

圓白鯧在魚類分類上是屬於刺尾魚亞目（Acanthuroidei），白鯧科（Ephippidae），白鯧屬（*Ephippus*），台灣使用的中文種名為「圓白鯧」，本種在1787年由Bloch所命名發表。

圓白鯧只分佈於台灣西部海域，主要棲息於具有沙泥底質的海域或沿海，食性為肉食性，以魚類或小型生物為食，目前台灣對此魚種的研究不多，其生態習性目前仍不十分明瞭。

台灣幾乎只有西部海域才能捕到圓白鯧，雖然肉質佳，但產量卻不多也不穩定，常在底拖網作業或蝦拖網作業時被捕獲，料理方式以油煎為主。

紅衫的體型呈側扁的卵圓形，吻端鈍，上頜圓，具有平直且完整的側線，不具有稜鱗及離鰭。背鰭以及臀鰭的前半部鰭條較長且呈彎刀狀，尾柄細且短，尾鰭形狀為深叉形。身體顏色以銀白色為主，背部顏色較深為灰黑色，身體下半部為銀白色，各魚鰭的顏色都較深，幾乎是呈暗褐色。

紅　衫
Trachinotus blochii

■中文種名：布氏鯧鰺、 獅鼻鯧鰺

■別稱：紅沙瓜仔、金鯧

■外國名：Asian Pompano(世界農糧組織),Snubnose Pompano(美國加州),
　　　　Snub-nose Dart,Swallowtail(澳洲、紐西蘭),Bloch's Dart,Australian Dart(泰國)

　　紅衫在魚類分類上是屬於鰺科（Carangidae）鯧鰺屬（*Trachinotus*），台灣使用的中文種名為「布氏鯧鰺」，本種在 1801 年由Lacepède所命名發表。

　　紅衫分布於印度洋至太平洋的海域，在台灣的分布以西部及南部海域為主，喜歡棲息於沿岸、岩礁區、內灣或是河口，幼魚則棲息於具有沙泥底質的沿岸水域，為廣鹽性的魚類，對鹽度適應力強，但不耐低溫。紅衫食性為雜食性，以軟體動物或無脊椎動物為食。每年的3月至10月是紅衫的繁殖期，以4月至6月為繁殖的高峰期。在剛捕獲時體表會有紅色的反光，

也因此漁民將牠稱為「紅衫」。

　　紅衫為台灣海水養殖的主力魚種之一，因其市場接受度高，生長一致且迅速，對環境的適應力強，加上繁殖技術的突破而使種苗的供應穩定，因此成為台灣最常見的海水魚養殖魚種之一。市面上所見的紅衫絕大部分都是人工養殖，野生捕獲的紅衫已經較少見了，一般養殖戶從放養魚苗後約6至9個月即可收成上市。目前養殖的紅衫有分長鰭紅衫（*Trachinotus falcatus*）與短鰭的紅衫（*Trachinotus blochii*）。在台灣料理紅衫以紅燒或清蒸為主。

花令仔魚的體型為側扁的橢圓形，除了頭部以及胸鰭基部至臀鰭之間的區域不具有鱗片外，身體其餘部分的鱗片皆為圓鱗，背鰭以及臀鰭皆具有鞘鱗，腹鰭則具有腋鱗，有完整的側線。胸鰭外形類似鐮刀狀，臀鰭與背鰭的形狀相似，尾鰭形狀為深叉形，尾柄細。身體顏色為銀白色，背部顏色較深呈銀灰色，腹部也是銀白色，體側有不規則的條紋以及斑塊，魚鰭的顏色皆為淡黃或接近半透明，喉部具有發光器官，其發光原理係因與細菌共生所產生的光。

 🔍 放大看特徵

可伸縮自如的口部 ————

花令仔魚 *Gazza minuta*

▇ 中文種名：小牙鯻

▇ 別稱：金錢仔、小牙、花令仔

▇ 外國名：Common Toothed Ponyfish(美國加州、澳洲、紐西蘭、泰國),Silver Belly(印尼)

　　花令仔魚在魚類分類上是屬於鱸亞目（Percoidei），鯻科（Leiognathidae），牙鯻屬（*Gazza*），中文種名為「小牙鯻」，本種在1795年由Bloch所命名發表。

　　台灣除了東部海域以外，其他海域皆有花令仔魚的分布，喜歡活動於有沙泥底質的海域以及近海沿岸，屬於底棲性魚類，食性為肉食性，以小魚、小型甲殼類等為食，繁殖期時會游入河口產卵。捕獲方式以底拖網、待袋網、小型圍網或手釣釣獲為主。

　　花令仔魚屬於小型的食用魚，其刺多肉少，因此常以煮湯的方式料理，因其具有特殊的鮮味，味道極佳，雖然幾乎只適合用來煮湯，但還是很受歡迎。花令仔魚不僅可供食用，同時也是早期蝦類養殖的生鮮餌料之一。

鰓蓋上的黑斑

肉鯽仔

Psenopsis anomala

肉鯽仔的特徵是鰓蓋上具有一塊黑斑，其胸鰭外形類似鐮刀，腹鰭小，尾鰭外形呈叉形，背鰭前端高度較高，向後逐漸變低。身體顏色為淺灰藍色，具有銀白色的光澤。其體型為側扁橢圓形，眼中大，吻端圓鈍，頭部稍呈圓形，上頜比下頜凸出些。身體的鱗片為易脫落的圓鱗，側線完整且呈弧形，幼魚顏色較黯淡而呈淡褐或黑褐色。

■中文種名：刺鯧

■別稱：刺鯧、肉魚、土肉

■外國名：Pacific Rudderfish (世界糧農組織),Butterfish(美國、加拿大),
　　　　 Stromaté du Japon (法國),Pampano del Pacifico(西班牙),Japanese Butterfish

　　肉鯽仔在魚類分類學上是屬於鯧亞目（Stromateoidei），長鯧科（Centrolophidae），刺鯧屬（*Psenopsis*），中文種名為「刺鯧」，本種在1844年由Temminck 與 Schlegel所共同命名發表。

　　台灣四周海域都有肉鯽仔的分布，而以西部及南部的海域較多，喜歡棲息於有沙泥底底質的海域，表層至底層都是其活動的範圍，近海沿岸至大洋區都有分布，棲息水深約30至60公尺，成魚白天在海底的底層活動，晚上才會出現在表層水域覓食，食性為肉食性，以浮

游生物、小型魚類及甲殼類為食。肉鯽仔幼魚會成群活動於表水層，喜歡藏匿於水面的浮藻或浮游物下，有時甚至會躲藏於水母的觸手下。

　　肉鯽仔為台灣十分常見的海產魚類，也是家喻戶曉的海鮮之一，自助餐店或市場上都可經常看到，市面上所販售的肉鯽仔大多是以一支釣、流刺網及拖網捕獲的，10月至翌年3月為肉鯽仔的盛產期，此時期的肉質也最為鮮嫩，料理方式多半以清蒸、油煎或油炸這三種方式來烹調。

金錢仔的體型呈側扁的橢圓形，近菱形，最明顯的特徵為背部高聳隆起，使頸部看似凹陷。吻端鈍，口小眼大，下頜的下方內凹，身體具圓鱗，頭部及胸部皆不具有鱗片，腹鰭具有腋鱗而背鰭以及臀鰭皆具有鞘鱗，側線完整且明顯。背鰭起始於背緣最凸處且基部長，背鰭的前幾根鰭條較高而在背緣傾斜處的背鰭較短，腹鰭與背鰭外觀一樣且位置與背鰭相對，尾柄細，尾鰭形狀為深叉形。體色為略具光澤的銀白色，背部顏色較深呈銀黑色，吻端具有黑斑，側線以上的體側具有不明顯的垂直黑帶。

背部高聳隆起

金錢仔 *Leiognathus equulus*

■中文種名：短棘鰏　　■別稱：狗坑仔、三角仔、狗腰

■外國名：Common Ponyfish(澳洲、紐西蘭),Common Slipmouth,Slimy,
Soapy(泰國),Silver Belly(印尼),Greater Ponyfish

　　金錢仔在魚類分類上是屬於鱸亞目（Percoidei），鰏科（Leiognathidae），鰏屬（*Leiognathus*），中文種名為「短棘鰏」，本種在1775年由Forsskål所命名發表。

　　在台灣只有西部以及南部海域與小琉球才有金錢仔的分布，主要棲息於具有沙泥底質的海域，因此近海沿岸、瀉湖或河口都有分布，屬於底棲性魚類，繁殖期在5月至10月，食性為肉食性，以底棲生物為食。

　　金錢仔全年皆可捕獲，其中以夏季的產量較多，捕獲方式以流刺網或灘釣為主，市場上較少見。魚雖不大但肉多，料理方式以紅燒或煮湯為主。

碗米仔魚的體型為側扁的卵圓形，背部較高，背緣在背鰭起始基部有明顯的彎曲，口小且口部能伸縮，眼大。身體的鱗片屬於圓鱗，具有完整的側線，側線走向呈弧形，幾乎與背緣平行。單一背鰭，背鰭前面通常高於後半部，尾鰭形狀為深叉形，上下尾葉略大。身體顏色為銀白色，越接近背部顏色越暗且偏深，體側的鱗片具有不明顯的斑紋，腹鰭、臀鰭以及尾鰭的顏色為黃色。

背部高聳隆起

碗米仔魚 *Gerres erythrourus*

■中文種名：短鑽嘴魚、紅尾銀鱸

■外國名：Deepbody Mojarra(美國加州),Deep-bodied Silver-biddy(澳洲、紐西蘭), Blue-backed Silver Biddy,Silver Perch(泰國),Kapas laut(馬來西亞)

碗米仔魚在魚類分類上是屬於鱸亞目（Percoidei），銀鱸科（Gerreidae），銀鱸屬（*Gerres*），台灣使用的中文種名為「短鑽嘴魚」，本種在1791年由Bloch所命名發表。

碗米仔魚在台灣主要分布於北部或東部海域，喜歡棲息於具有沙泥底質的海域，通常在沿海活動，在河口地區也時常可以發現，具有群游的習性，食性為肉食性，以小型浮游動物或比自己更小的魚類為食，有時會挖掘底沙以找尋藏匿於沙層下的食物。

在台灣全年皆可捕獲碗米仔魚，捕獲的方式有手釣、圍網、拖網或流刺網，因為不是主要的魚獲種類，因此在市面上較少見。碗米仔魚的料理方式以油炸或油煎為主。

硬棘部的鰭條呈絲狀

鏡魚的體型十分特殊，因此非常容易辨識，體型側扁，頭大，吻端至背鰭基部呈45度角的斜面。眼睛中大且距離吻端較遠，口裂傾斜，口裂的角度幾乎垂直，下頜十分顯眼，下頜略比上頜長，側線完整，側線並非平直而是在前半段有彎曲且較高。背鰭單一，硬棘部與軟條部之間無明顯內凹，但區分得十分明顯，硬棘部的所有鰭條皆延長呈絲狀，硬棘部鰭條的長度幾乎與體高相同，軟條部則一直延伸至尾柄處。臀鰭單一，臀鰭前半段為較長的硬棘，後半段為軟條，臀鰭後半段與背鰭軟條部的外形相同且位置也與其相對應，腹鰭細長且末端尖細，尾鰭形狀為楔形。體色為暗灰銀色，體側各具有一個明顯黑色圓斑，圓斑外緣有藍白色的細邊。

鏡 魚 *Zeus faber*

■中文種名：遠東海魴　　■別稱：鏡鯧、馬頭鯛

■外國名：John Dory(美國加州、英國、澳洲、紐西蘭、南非),Doree(英國),
　　Saint Pierre(法國),Pez de San Pedro,San martino(西班牙),Heringskönig(德國)

　　鏡魚在魚類分類上是屬於海魴亞目（Zeioidei），海魴科（Zeidae），海魴屬（Zeus），台灣使用的中文種名為「遠東海魴」，本種在1758年由Linnaeus所命名發表。

　　台灣除了南部外其餘的海域皆有鏡魚的分布，北部產量較多。鏡魚屬於深海魚類，喜歡棲息在平坦且具有沙泥底質的深海海底，在夏季與秋季時會遷移至岩礁較多的地方以準備繁殖，食性為肉食性，以小型魚類或底棲生物為食。

　　鏡魚的外型十分奇特，在台灣的市場裡並不多見，但因日本的產量較多，因此在日本是很常見的高級食用魚種，在台灣則屬於經濟價值較低的海產食用魚，捕獲方式以底拖網為主。鏡魚的料理方式以鹽燒或油炸為主，新鮮的鏡魚也適合以生魚片的方式料理。鏡魚的幼魚體型特殊，顏色也頗鮮豔的，因此在日本也將鏡魚的幼魚當成觀賞魚飼養。

甘仔魚的體型為側扁的紡錘形，背緣與腹緣呈弧形，頭部與背部為平順的曲線，吻端略尖，口裂稍傾斜，眼中大，側線完整且明顯，側線的走向一開始呈弧形，至第二背鰭中央位置下方開始變平直。背鰭兩個，第一背鰭基部短，鰭高低，外形略呈三角形，第二背鰭基部長，前端的鰭條十分長，成魚甚至會延長呈絲狀，第二背鰭前端外形略呈鐮刀形，臀鰭位置與第二背鰭相對應且外形也相同，尾鰭形狀為叉形，尾葉末端圓鈍。身體顏色為藍綠色，背部顏色較深，身體顏色越接近腹部，顏色越淡，腹部顏色為銀白色。

石鱸的體型為側扁的長橢圓形，背緣較高且呈弧形，腹緣呈較平緩的弧形，吻端鈍，上頜比下頜突出。身體鱗片屬於櫛鱗，側線完整。單一背鰭，背鰭前端較高且由硬棘所構成，臀鰭外觀呈小倒三角形，第一根鰭條為較粗的硬棘，尾鰭末緣稍內凹，是屬於內凹型的尾鰭。身體顏色為銀白色，靠近背部的顏色較深，呈銀灰色。幼魚的體側具有黑斑構成的橫帶，背鰭也有小黑斑分布，不過隨著石鱸的成長，其體側的橫帶及背鰭的黑斑會逐漸褪去。

▼

甘仔魚
Carangoides dinema

■中文種名：雙線若鰺、背點若鰺　　■別稱：曳絲平鰺

■外國名：Shadow Kingfish,Two-thread Trevally

　　甘仔魚在魚類分類上是屬於鱸亞目（Percoidei），鰺科（Carangidae），若鰺屬（*Carangoides*），台灣使用的中文種名為「雙線若鰺」，本種是在1851年由Bleeker所命名發表。

　　台灣四周海域皆有甘仔魚的分布，大多棲息於沙泥底質的沿岸表層水域，食性為肉食性，以捕食小魚為生。台灣對甘仔魚的生態研究較少，因此對其詳細的生態習性了解不多。

　　甘仔魚在台灣的捕撈方式以流刺網、定置網及一支釣為主。料理方式則以清蒸及紅燒的方式最適合。

石鱸的營養價值

據行政院衛生署的營養成分分析，每100公克重的石鱸所含的成分如下：熱量99Kcal，水分76.7克，粗蛋白20.6克，粗脂肪1.2克，碳水化合物0.4克，灰份1.2克，膽固醇64毫克，維生素B1 0.02毫克，維生素B2 0.07毫克，維生素B6 0.36毫克，維生素B12 2.70毫克，菸鹼素5.04毫克，維生素C 6.22毫克，鈉73毫克，鉀428毫克，鈣6毫克，鎂29毫克，磷259毫克，鐵0.7毫克，鋅0.5毫克。

石　鱸 *Pomadasys kaakan*

中文種名：星雞魚、點石鱸

別稱：雞仔魚、咕咕、厚鱸、加鱸、九鱸、斷斑石鱸、三點仔

外國名：Silver Grunter, Common Javelinfish, Javelin Grunter

石鱸在魚類分類上是屬於鱸亞目（Percoidei），仿石鱸科（Haemulidae），石鱸屬（*Pomadasys*），台灣使用的中文種名為「星雞魚」，本種在1830年由Cuvier所命名發表。

台灣的石鱸主要分布於西部及北部的海域，棲息環境很廣，如岩礁區、沙泥底質的沿海海域、河口以及瀉湖都有其蹤跡，屬於廣鹽性魚類，食性為肉食性，以小型魚類、甲殼類或軟體動物為食，每年的6月至10月為繁殖期，繁殖時會進入河口產卵。

台灣全年皆可捕獲石鱸，而以夏天與秋天為盛產期，捕獲方式以流刺網、拖網或延繩釣為主，也時常被海釣的釣友釣獲。除了野生捕獲外，星雞魚這種石鱸在台灣已進行人工養殖，每年也放流不少人工培育的石鱸魚苗。石鱸的料理適合以油煎或煮湯方式烹飪。

七星鱸
Lateolabrax japonicus

■■中文種名：日本真鱸、花鱸

■■別稱：銀花鱸、青鱸、鱸魚

■■外國名：Japanese Seabass(世界農糧組織),Common Sea-bass,
Japanese Perch(美國加州),Bar du japon(法國),Serránido japonés(西班牙)

七星鱸的體型為側扁的長橢圓形，背緣稍微隆起，下頜比上頜突出，身體的鱗片屬於不易脫落的細小櫛鱗，側線完整且明顯，側線走向幾乎與背緣平行。背鰭單一，背鰭的硬鰭與軟鰭之間內凹，使背鰭看起來類似兩個半圓形，臀鰭第一根棘為較粗的硬棘，尾鰭形狀為叉形。前鰓蓋的腹緣有3根棘突，主鰓蓋骨有2根銳利的棘。體側具有黑點，黑點大多排列於側線上。

　　七星鱸在魚類分類上是屬於鱸亞目（Percoidei），鮨鱸科（Percichthyidae），花鱸屬（*Lateolabrax*），台灣使用的中文種名為「日本真鱸」，本種在1828年由Cuvier所命名發表。

　　七星鱸在台灣主要分布於西部及北部地區，大多棲息於半淡鹹水區，例如河口，但也有些七星鱸會進入河川中下游或是進入海中生活，因此在近海海域、岩礁區、潟湖、河口以及河川下游皆有其蹤跡，屬於廣溫廣鹽性魚類，對環境的適應力非常好。每年10月至隔年的4月為七星鱸的繁殖期，多半會在沿岸海域的岩礁產卵，到春夏季時幼魚會游至河川中下游，而在冬季才降游回海洋中

，為肉食性，以魚類或甲殼類為食。

　　七星鱸為台灣十分常見的食用魚類，也是台灣最早被食用的鱸魚，全年皆可捕獲，以5月至8月之間的產量最多。

　　七星鱸可以在純淡水、純海水或半淡鹹水的環境中飼養，而台灣目前皆以純淡水養殖的方式為主，不過漁船偶爾還是可以捕獲野生的七星鱸。七星鱸的蛋白質含量十分豐富，在民間也大多認為能促進傷口的癒合。不過在料理七星鱸時需特別小心鰓蓋，鰓蓋緣有片狀的棘，十分的銳利，幾乎就跟一把小刀一樣，一不小心就會被割傷，另外也要留意魚鰭的硬棘。七星鱸在台灣的料理方式以清蒸為主。

線鱸的身體顏色以銀灰色為主，背部的體色較深，呈暗綠色，腹部顏色為銀白色，體側具有數條細縱紋。其的體型為側扁的長橢圓形，背緣稍微隆起，吻端尖，口大，口裂傾斜，下頜比上頜突出。背鰭單一，背鰭的硬鰭與軟鰭之間有明顯的內凹，使背鰭看起來類似兩個半圓形，前端背鰭由硬棘構成，後端的背鰭皆是軟條，背鰭末端圓，臀鰭末端呈小三角形，臀鰭的尖端鈍，尾鰭呈內凹形或叉形。

線　鱸
Morone saxatilis

■中文種名：條紋鱸　　■外國名：Striped Bass

　　線鱸在魚類分類上是屬於鱸亞目（Percoidei），真鱸科（Moronidae），真鱸屬（*Morone*），中文種名「條紋鱸」，在1792年由Walbaum所命名。

　　台灣並無線鱸的分布，線鱸原產於北美洲東岸，大多棲息於河口以及沿海，屬於廣鹽性魚類，在水溫較低的秋冬季節會在河川內過冬以及產卵，食性為肉食性，以魚類、甲殼類或昆蟲為食。

　　線鱸是由美國引進的養殖魚種，業者於1991年引進台灣養殖，台灣引進的線鱸有野生的條紋鱸，也引進了雜交的條紋鱸，雜交的條紋鱸是由雌的條紋鱸（*Moroneosaxatilis*）與雄的白鱸（*Moroneochrysops*）交配所產生的雜交鱸魚，雜交的條紋鱸因在養殖等多方面優於原生的條紋鱸，因此成為養殖業者最喜愛的養殖種類，也是我們市面上常見的線鱸種類。線鱸的養殖集中於台灣中南部沿海，因已可完全養殖，因此市場上算是平價的食用魚類。線鱸在台灣的料理方式以清蒸或紅燒為主。

鮭魚的體型呈側扁的紡錘形，吻端鈍且口裂大，口裂傾斜，上頜骨較寬且比下頜突出些，成魚的口裂更大，且上下頜略呈鉤狀，側線明顯且完整，側線走向十分平直。除了頭部無鱗片外，其身體鱗片皆為細小的圓鱗。背鰭位於背部中央的位置，其外觀形狀為三角形，背鰭後方靠近尾柄處有一個小的脂鰭，臀鰭位置十分靠近尾柄處，且幾乎位於背部脂鰭的正下方，腹鰭位於腹面且正好位於背鰭正下方與背鰭相對應，尾鰭形狀為內凹形。身體背部顏色為銀灰色，腹部顏色為銀白色，靠近背部會有小黑點分布。

鮭　魚

Oncorhynchus kisutch

■中文種名：銀鮭、銀大麻哈魚

■外國名：Coho Salmon

鮭魚在魚類分類上是屬於鮭科（Salmonidae），大麻哈魚屬（Oncorhynchus），台灣使用的中文種名為「銀鮭」，本種是在1792年由Walbaum所命名發表。

台灣並不是鮭魚的原產地，銀鮭原產於美國與加拿大地區，屬於洄游冷水性魚類，喜歡生活在攝氏10至18度的低溫溪流中，棲息的溪流水質清澈且略為湍急。銀鮭因具有洄游的習性，因此對鹽分的適應力很強，繁殖時會由海洋游至河川上游交配產卵，與其他鮭魚一樣，成熟的銀鮭會回到出生的地方繁殖，孵化後的小鮭魚會在出生地待上一陣子，成長至一定大小後，會開始順流而下回到海洋。食性為肉食性，以小型魚類或水生昆蟲為食，甚至會躍出水面捕食在水面上飛翔的昆蟲。

台灣並非銀鮭的產地，也沒有進行人工養殖。鮭魚原產於北美一帶，是歐美國家十分普遍的食用魚類，每年繁殖期時會有數以百萬條的鮭魚返回出生地，形成很壯觀的自然景觀之一。市面上所見的銀鮭皆是進口的生鮮鮭魚，進口的鮭魚大多是人工養殖的鮭魚，進口方式以冷藏方式空運，因此鮮度極佳。鮭魚大多在原產地會加工成魚排的方式出售或出口，也有不少是台灣進口整尾的鮭魚再切塊出售的。鮭魚的料理方式以油煎或炭烤的方式為主，新鮮的鮭魚也是生魚片的上等材料，而在西餐廳的開胃菜中常會有一道煙燻鮭魚片，煙燻的料理方式也是鮭魚特有的，其他以鮭魚為食材的料理還有蒜烤鮭魚、茄汁鮭魚等。

虹鱒的體型為側扁的紡錘形，吻端鈍且口裂大，上頷骨較寬且比下頷突出，成魚的口裂更大，且上下頷為鉤狀。除了頭部無鱗片外，其身體鱗片皆為細小的圓鱗。背鰭不大且外觀形狀為半圓形，背鰭後方靠近尾柄處有一個小的脂鰭，尾鰭形狀為叉形。身體顏色為灰綠色，腹部顏色為銀白色，身上有黑小點，越靠近背部，小點分布得越密集，而在繁殖期時成魚的體側會有很明顯的紫紅色縱帶，也因此有「虹鱒」之稱。幼魚的體側則具有 8至13個明顯的橢圓形斑塊，斑塊在成長後會消失。

虹　鱒
Oncorhynchus mykiss

▇中文種名：麥奇鉤吻鮭、鱒魚
▇外國名：Rainbow Trout

　　虹鱒在魚類分類上是屬於鮭科（Salmonidae），大麻哈魚屬（Oncorhynchus），中文種名為「麥奇鉤吻鮭」，本種是在1792年由Walbaum所命名。

　　台灣本土的鮭鱒類魚類只有櫻花鉤吻鮭一種，目前被列為保育動物，而現今台灣所食用的虹鱒，大多原產於美國或是從日本進口受精卵所養殖的。虹鱒為冷水性魚類，喜歡棲息於水質清澈、沙礫底質的河川或溪流，食性為肉食性，以溪流裡的小魚小蝦或水生昆蟲為食，甚至會躍出水面捕食水面上的昆蟲。在台灣虹鱒繁殖季節約在10月至隔年的2月，雄魚的特徵為口大，吻端下頷稍突出，繁殖期時體色呈黑褐色，生殖孔不突出，而雌魚的性特徵皆與雄魚相反。

　　虹鱒是在民國46年引進台灣，當時只引進受精卵，在多方面的努力下，至民國50年開始大量生產並推廣鱒魚的養殖，因人工繁殖以及養殖技術的成功進步，使得虹鱒的人工養殖有穩定的魚苗可供給，也可穩定供應市場的需求。因虹鱒係屬冷水性魚類，又喜歡清澈乾淨的水質，因此台灣養殖虹鱒都集中於中北部的山區。

　　虹鱒的肉質細嫩刺少，因此有「魚者之尊」的稱號，含有豐富的蛋白質，又加上膽固醇很低且無任何腥味，因此深受大眾的喜愛。鱒魚以各種方式料理皆可，而新鮮的鱒魚以清蒸或是做成生魚片的方式，最能表現出鱒魚的鮮美，其他以鱒魚為食材的料理如炭烤鱒魚、茶梅鱒魚、茄汁燻鱒魚等都是休閒養殖場的招牌菜肴。

七星仔的體型長且呈側扁，頭部在眼睛上方稍微向內凹，吻端尖，下頜比上頜突出，除了頭部之外，其餘身上的鱗片皆為埋於皮下的細圓鱗，側線完整無稜鱗，側線在胸鰭上方的位置較高。具有兩個背鰭，第一背鰭由6至7個硬棘構成，棘間只有基底處有小膜相連，第二背鰭後半部約有7至12個半分離的鰭條，臀鰭形狀與第二背鰭一樣且等長，胸鰭位於鰓蓋後方，腹鰭位於胸鰭正下方，尾鰭形狀為深叉型。身體顏色為藍灰色，背部顏色較深為藍黑色，腹部顏色為銀白色，眼睛上緣部位有黑色的短縱帶。七星仔最大的特徵在於體側有一列黑色圓斑，圓斑幾乎位於側線以上，而幼魚則無此黑斑。

七星仔 *Scomberoides commersonnianus*

■■中文種名：大口逆溝鰺、康氏似鰺　　■■別稱：棘蔥仔、鬼平、龜柄
■■外國名：Queenfish, Talang Queenfish, Largemouth Queenfish

　　七星仔在魚類分類上屬於鱸亞目（Percoidei），鰺科（Carangidae），似鰺屬（*Scomberoides*），台灣的似鰺屬魚類之中有3個種皆以「七星仔」稱之，其中以中文種名為「大口逆溝鰺」最常見，本種在1801年由Lacepède所命名。

　　台灣四周的海域皆有七星仔的分布，而以西南部及南部產量最多，台灣所稱的七星仔有三種，除了較常見的大口逆溝鰺外，其他兩種分別是托爾逆溝鰺與逆鉤鰺。七星仔大多棲息於沙泥底質沿岸表層水域，為肉食性，以捕食小魚為食，台灣對七星仔的生態研究較少，對其詳細的生態習性了解不多。七星仔在台灣捕撈方式以流刺網、定置網及一支釣為主，其料理方式以油煎最適合。

巴攏魚 *Trachurus japonicus*

■中文種名：真鯵、日本竹筴魚　　■別稱：巴蘭、竹筴魚

■外國名：Horse-mackerel,Japanese Mackerel(美國加州、歐洲),Scad(歐洲、紐西蘭)

　　巴攏魚在魚類分類上是屬於鱸亞目（Percoidei）鯵科（Carangidae），竹筴魚屬（*Trachurus*），台灣使用的中文種名為「真鯵」，本種是在1844年由Temminck與Schlegel所共同命名發表。

　　台灣四周的海域皆有巴攏魚的分布，牠們喜歡棲息於近海沿岸或礁岩區，棲息深度約為5至7公尺的海水中。行動敏捷，常在近海沿岸水域群游，在水域深度的垂直分布受日夜影響，食性為肉食性，常以小型甲殼類及體型較小的魚類為食。

　　巴攏魚雖然在台灣四周的海域皆有分布，但其產量不多，幾乎只有由基隆開往彭佳嶼海域作業的船隻才能捕獲較多的巴攏魚，也因為產量的不穩定，因此無法普遍被利用。每年的5月間是巴攏魚的魚獲期。巴攏魚是船釣的最佳釣餌之一，釣友大多會先釣些巴攏魚，再以釣獲的巴攏魚為餌，以釣更大型的魚類。巴攏魚的肉質及味道都不錯，在台灣料理的方式是將其去除內臟後油炸食用，也可以鹽烤或做成生魚片，是日本人非常喜愛的家常食用魚之一。

巴攏魚的體型為側扁的長紡錘形，背緣與腹緣相同且略呈弧形，尾柄細小有力，吻端尖，下頜比上頜突出。具有完整的側線，側線由背鰭第18條軟鰭條下彎成為直線，側線皆由明顯的稜鱗所構成，側線上明顯的稜鱗是竹筴魚屬的重要特徵，背部另具有副側線。有兩個位置相近的背鰭，第一背鰭短，外形成三角形，第二背鰭基部長，魚鰭高度逐漸向後變短，腹鰭位於第二背鰭正下方，其形狀外觀皆與第二背鰭一樣，胸鰭長，腹鰭位於胸鰭下方，尾鰭形狀為深叉型。身體顏色為藍綠色或黃綠色，腹部顏色為銀白色，在鰓蓋後上方具有一個黑斑，側線的稜鱗為黃色。

側線有明顯的稜鱗

紅甘的體型為稍側扁的紡錘形，上頜寬大，下頜較薄，背部呈美麗的弧形，腹面圓，有整無稜鱗的側線。隨著成長，其尾柄兩側會逐漸有明顯的肉質稜脊，胸鰭及胸鰭短小，鰭與尾鰭的形狀相似，尾鰭形狀為深叉型，尾柄處具有凹槽。身體體色為藍灰色，背部色較深，有時體表具有粉紅色光澤，腹面顏色為銀白至淡褐色，有時體側具有一條粗但明顯的黃色縱帶。紅甘的幼魚體側具有5條暗帶，頭部也具有一條斜的暗帶，亞成魚時體的暗帶消失，頭部斜暗帶仍然存在，體側及各鰭呈黃色、橄欖色或琥珀色。

黃尾瓜的體型為稍微側扁的長橢圓形，身體鱗片屬於圓鱗，側線前半部為弧狀，至第二背鰭第7條鰭條下方開始直走，此處鱗片全為稜鱗，尾鰭形狀為叉形。身體靠背部的顏色為藍綠色，體側上半部具有數條暗色的橫帶，腹部則為銀白色。鰓蓋上方具有明顯的黑斑，背鰭以及尾鰭顏色為黃綠色，臀鰭顏色偏淡黃色，胸鰭顏色為透明。

鰓蓋上具有黑斑

黃尾瓜
Alepes djedaba

■中文種名：吉打鰺、及達副葉鰺

■別稱：甘仔魚

■外國名：Shrimp Scad, Shrimp Caranx, Slender Yellowtail Kingfish, Banded Scad, Djebbada Crevalle

　　黃尾瓜在魚類的分類上是屬於鰺科（Carangidae），副葉鰺屬（*Alepes*），台灣使用的中文種名為「吉打鰺」，本種在1775年時由Forsskal所命名發表。

　　黃尾瓜在台灣幾乎只見於澎湖的四周海域，台灣本島附近十分少見，喜歡成群集結於礁岩區或在近海岩岸迴游。

　　黃尾瓜為台灣重要的食用魚，但相關生態研究甚少，目前捕獲黃尾瓜的方式以底拖網為主，也有以釣獲的方式捕獲。黃尾瓜在台灣的料理方式大多以油炸或加工做鹽漬，新鮮剛捕獲的黃尾瓜也可做成生魚片食用。

體型為稍側扁的紡錘形

紅　甘 *Seriola dumerili*

■中文種名：紅甘鰺、杜氏鰤

■外國名：Greater Amberjack(世界農糧組織),Great Amberjack,Rubberjack, Shark-pilot(英國),Allied Kingfish(澳洲、紐西蘭),Dumeril's Amberjack(泰國)

　　紅甘在魚類分類上屬於鱸亞目（Percoidei），鰺科（Carangidae），鰤屬（Seriola），台灣使用的中文種名為「紅甘鰺」，本種是在1810年由Risso所命名發表。

　　紅甘的棲息環境廣泛，包括大洋區、近海沿岸、海灣河口以及礁岩區，為全球性魚類，在台灣四周的海域皆有紅甘的分布，其體長可達1.5公尺，重約50公斤左右，但大部分的紅甘體長多在1公尺以下。紅甘為肉食性魚類，以無脊椎動物及小魚為食。

　　紅甘為台灣重要的高級食用海產魚類，也是台灣海外箱網養殖的重要魚種之一，因此目前市場上所見的紅甘大部分為養殖的紅甘，不過也有不少是捕撈的野生紅甘。

　　紅甘可說是具高經濟價值的海產魚類，因市場上販賣的紅甘體型比其他魚類來得大，因此海鮮店常以一魚三吃的方式料理紅甘，包括做成生魚片、清蒸以及煮魚湯。而新鮮的紅甘最適合的料理方式還是做成生魚片，而紅甘肚子部位所做的生魚片更是台灣人的最愛，也是老饕最愛的部位。紅甘最好吃的時節是在秋季，以2至3公斤重的魚最佳，人工養殖的紅甘魚肉所含的油脂較多，因此做成生魚片時可加些蘿蔔泥來去除油膩感。

四破魚的體型為側扁的長紡錘形，下頜比上頜突出，且各具有一列細齒，側線一開始的位置呈弧形，而約至第二背鰭下方呈直線，側線後方鱗片皆屬於稜鱗，尾鰭形狀為深叉型且上下尾葉等長。身體靠近背部的顏色較深，呈藍綠色，腹部顏色為銀白色，魚鰭顏色皆為淡黃色。

離鰭

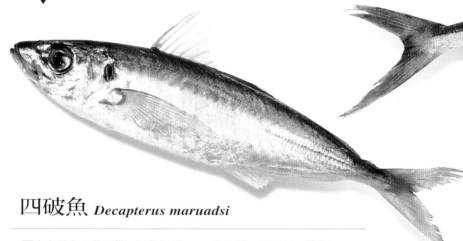

四破魚 *Decapterus maruadsi*

■■中文種名：藍圓鰺、紅背圓鰺　　■■別稱：硬尾仔、廣仔
■■外國名：Amberfish,Blue mackerel Scad

　　一般人所說的「四破魚」都是鰺科（Carangidae）裡的圓鰺屬（*Decapterus*）魚類，較常見的以藍圓鰺（*Decapterus maruadsi*）為主，其次為長身圓鰺（*Decapterus macrosoma*），兩種都是屬於圓鰺屬，而以藍圓鰺最為常見，藍圓鰺於1844年由Temminck與Schlegel所命名。此篇內容所介紹的四破是指藍圓鰺。

　　四破魚在台灣四周的海域皆有分布，是非常常見的海產食用魚，但東部較少見。四破魚喜歡棲息於沙泥底質的沿岸或是內灣，有群聚的習性，為中表水層的洄游性魚類，為肉食性，以浮游動物或較小型的無脊椎動物為食，盛產期在春夏兩季。

　　每到夏天，在各地魚市皆可看到很多既新鮮又便宜的四破魚，因屬數量較多的沿岸魚類，因此價格十分便宜。四破魚的料理十分方便，只要購買新鮮的四破魚，回家後不用刮鱗及剖肚等程序，洗淨後直接清蒸或油煎後即可食用；另外油炸也是經常使用的料理方式，如果是非常新鮮的四破魚，甚至可以做成生魚片食用。但四破魚的脂肪多，易因腐敗而產生大量組織胺，如果食用不新鮮的魚，較易因高濃度的組織胺而產生過敏性食物中毒。此外，四破魚也常用來加工曬乾為乾製品。

兩條藍色縱帶之間
夾著黃色縱帶

體型為長紡錘形，背緣與腹緣互相對稱，頭小吻端尖，上下頜幾乎等長，鱗片大，鱗片屬於圓鱗，側線完整且走向呈波浪狀。背鰭兩個，第一背鰭小，由數根短棘所構成，鰭條與鰭條間有鰭膜聯繫，第二背鰭基部長，臀鰭外形與第二背鰭相似，第二背鰭與臀鰭後方皆具有由兩條小鰭條構成的離鰭，此離鰭與背鰭及臀鰭是分開的，此為牠的重要辨識特徵。牠的腹部顏色為銀白色，體側具有兩條藍色縱帶，兩條藍色縱帶之間又夾著黃色縱帶，縱帶由頭部筆直延伸至尾柄，成魚尾鰭顏色為深綠色或黑綠色，幼魚尾鰭顏色為黃色。其體色為藍綠色，背部的顏色深且明顯，越往腹部顏色越淡，尾鰭形狀為明顯的深叉形，形狀猶如剪刀，尾尖尖細。

雙帶鰺

Elagatis bipinnulata

■ 中文種名：雙帶鰺、紡綞鰤

■ 別稱：海草、拉倫

■ 外國名：Rainbow Runner ,Pisang-Pisang(馬來西亞)
　Bluestriped Runner(美國加州、澳洲、紐西蘭、泰國),Prodigal son(泰國)

雙帶鰺在魚類分類上是屬於鱸亞目（Percoidei），鰺科（Carangidae），紡綞鰤屬（*Elagatis*），在台灣使用的中文種名為「雙帶鰺」，本種在1825年由Quoy與Gaimard共同命名發表。

台灣四周海域皆有雙帶鰺的分布，屬於表層魚種，主要棲息於大洋區，有時也會出現在岩礁區，食性為肉食性，以小型魚類或浮游性生物為食。

雙帶鰺為常見的海產食用魚，捕獲方式以延繩釣、流刺網以及定置網為主，因其體型較大，一般都有50公分以上，因此在市場裡為了方便消費者選購大多會切塊出售，各種料理的方式皆適宜，在台灣最常以油煎或煮湯方式料理。

鯖　魚　*Scomber japonicus*

■中文種名：白腹鯖、日本鯖　　■別稱：花飛、青飛　　■外國名：Chub-Mackerel

　　鯖魚在分類學上是屬於鯖亞目（Scombroidei），鯖科（Scombridae），鯖屬（*Scomber*），台灣所稱的鯖魚包含白腹鯖（*Scomber japonicus*）與花腹鯖（*Scomber australasicus*）兩種。

　　台灣四周的海域皆可捕獲鯖魚，其中以蘇澳的產量最多，多半喜歡沿岸活動，屬於中上層群游性魚類，有很強的趨光性，食性為肉食性，以浮游性生物及小型魚類為主食。在台灣捕獲方式以圍網、流刺網及定置網為主。

　　鯖魚的血合肉部位約占全肌肉的12%，此部份的營養價值極高，含有豐富的鐵質及維生素B群，而且也含有多種重要的胺基酸，如組胺酸、離氨酸、麩氨酸等游離氨基酸或次黃嘌呤核酸，這些胺基酸的含量皆很高。因鯖魚有豐富的鐵質，因此食用鯖魚可改善或預防婦女缺鐵或貧血的現象。而鯖魚的脂肪含量也很高，鯖魚身上的魚油對心血管疾病的預防有很好的效果，可說是最佳的魚油來源之一。但鯖魚的內臟器官易因酵素作用而自體消化，易蓄積對人體不好的組織胺，攝食過多的組織胺會產生中毒現象，因此在保鮮上必須十分的小心。

　　由於鯖魚易腐敗，所以應選購新鮮的魚，也必須儘快處理，也可利用醋來防腐，在台灣料理鯖魚的方式以煎食及煮味噌湯為主，也可用鹽烤、香炸或油煎等方式料理，新鮮的魚也可製作成生魚片，但台灣很少食用鯖魚的生魚片。台灣鯖魚的產量很多，因此也常用在食品加工以製成鹽漬品或是魚罐頭。

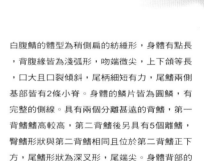

白腹鯖的體型為稍側扁的紡錘形，身體有點長，背腹緣皆為淺弧形，吻端微尖，上下頜等長，口大且口裂傾斜，尾柄細短有力，尾鰭兩側基部皆有2條小脊。身體的鱗片皆為圓鱗，有完整的側線。具有兩個分離甚遠的背鰭，第一背鰭鰭高較高，第二背鰭後另具有5個離鰭，臀鰭形狀與第二背鰭相同且位於第二背鰭正下方，尾鰭形狀為深叉形，尾端尖。身體背部的顏色為藍黑色，背部具有不規則的深藍色花紋，腹部為銀白色，不具有任何花紋。

▼

鯖魚的營養價值

據行政院衛生署的營養成分分析，每100公克重的生鮮鯖魚所含的成分如下：
熱量417Kcal，水分45.2克，粗蛋白14.4克，粗脂肪39.4克，碳水化合物0.2克
，灰份0.8克，膽固醇60毫克，維生素B1 0.03毫克，維生素B2 0.47毫克，維
生素B6 0.32毫克，維生素B12 3.77毫克，菸鹼素6.05毫克，鈉56毫克，鉀
308毫克，鈣7毫克，鎂24毫克，磷160毫克，鐵1.4毫克，鋅1.0毫克。

花腹鯖的體型與白腹鯖幾乎一樣，最明顯的差異在於顏色
，花腹鯖由背部至側線附近皆密佈不規則深藍色花紋，而
側線以下的腹部則具有藍黑色的小斑點或小細紋。

腹部有藍黑色的小細紋

部不具有任何花紋

白北仔的體型為側扁的長紡錘形，身體較細長些，吻端尖，尾柄細小，尾柄上有3條突出的脊，中央的脊較其他兩條脊來得長且高。口大且口裂傾斜，上下頜幾乎等長，身體鱗片為易脫落的小圓鱗，而位於側線的鱗片會比其他的鱗片大，具有完整無分枝且呈波浪狀的側線。背鰭有兩個，第一背鰭幾乎都是硬棘，前半段顏色為黑色，而第二背鰭後還有數個離鰭，臀鰭位置在第二背鰭的正下方且形狀也與第二背鰭差不多，尾鰭形狀為新月型。白北仔的身體顏色為銀灰色，背部的顏色通常較深，為藍灰色，腹部顏色為銀白色，體側有幾列由點狀斑紋排列成的不明顯暗縱帶，除了第一背鰭外，其餘的魚鰭顏色皆為灰黑色。

▼

體側有點狀斑紋排列成的不明顯暗縱帶

白北仔

Scomberomorus guttatus

■■ 中文種名：台灣馬加鰆、斑點馬鮫　　■■ 別稱：馬加

■■ 外國名：Indo-Pacific King Mackerel(世界農糧組織),Seerfish(印尼),Spottedsier(泰國),
Indo-Pacific Spanish Mackerel(美國加州),Thazard ponctué indo-pacifique(法國)

　　白北仔在魚類分類上是屬於鯖科（Scombridae），馬鮫屬（Scomberomorus），台灣使用的中文種名為「台灣馬加鰆」，本種在1801年由Bloch與Schneider所共同命名發表。

　　台灣四周海域皆有產白北仔，而以西部海域較多，其棲息環境範圍十分廣闊，如河口、內灣、礁岩區海域或沙質區海域都可發現，但以沿海的大陸棚海域較易發現，屬於暖水性沿岸型的魚類，喜歡在水域的中上層活動，個性兇猛且行動迅速敏捷，常會聚集成小群體一起活動，不過雖會聚集活動，但彼此還是會保持一定的距離。食性為肉食性，以海洋中的小型魚魚群或甲殼類為食。

　　白北仔為經濟價值十分高的海產食用魚，在台灣以圍網、定置網或流刺網等方式捕獲，每年的秋、冬季節為白北仔的魚獲期，冬季時因油脂較多，所以是白北仔最好吃的時候。一般白北仔的料理大多以油煎或煮湯的方式料理，而其體型較大，所以在市場上很少整尾出售，大多是切塊出售。

側有50至60條波浪狀黑色斑紋橫帶

▲

土魠魚的體型為側扁的長紡錘形，身體較細長些，口大且口裂傾斜，上下頜幾乎等長，身體鱗片為易脫落的小圓鱗，而位於側線的鱗片會比其他的鱗片大，具有完整無分枝且呈波浪狀的側線。背鰭有兩個，尾鰭形狀為新月形。土魠魚的身體顏色為灰綠色，背部的顏色通常較深，腹部顏色為銀白色，體側有50至60條波浪狀黑色斑紋橫帶。

土魠魚
Scomberomorus commerson

■中文種名：鰆、康氏馬鮫

■別稱：頭魠魚、馬加仔

■外國名：Narrow-barred Spanish Mackerel,
Indo-Pacific King Mackerel(美國加州、英國),Striped sier(泰國),
Kingfish(美國加州、英國、泰國),Barred Spanish Mackerel(澳洲、紐西蘭、泰國)

土魠魚在魚類分類上是屬於鯖亞目（Scombroidei），鯖科（Scombridae），馬鮫屬（*Scomberomorus*），台灣使用的中文種名為「鰆」，本種在1800年由Lacepède所命名發表。

台灣四周海域皆有產土魠魚，但北部較少見，其棲息環境範圍十分廣闊，如河口、內灣、礁岩區海域或沙質區海域都可發現，但以沿海的大陸棚海域較易發現，屬於暖水性沿岸型的魚類，喜歡在水域的中上層活動，個性兇猛且行動迅速敏捷，常會聚集成小群體一起活動。食性為肉食性，以海洋中的小型魚群或甲殼類為食。

土魠魚為經濟價值十分高的海產食用魚，在台灣以圍網、定置網或流刺網等方式捕獲。一般土魠魚的料理大多以油煎或煮湯的方式料理，另外市面上的土魠魚羹就是將魚肉加工後油炸再加入羹中，是十分受歡迎的一道地方小吃。而土魠魚的體型較大，在市場上很少整尾出售，大多是切塊出售。

腹面有數條褐色縱帶

▲

煙仔虎的體型呈長紡錘形，身體的橫切面為橢圓形，背緣與腹緣呈弧形且互相對稱。尾柄細，頭部小，吻端尖，下頜比上頜略長，口裂傾斜，眼小且十分接近於口部。身體只有胸部覆蓋圓鱗，以及腹部具有鱗瓣外，其餘部位皆無鱗，具有完整的側線。有兩個距離相近的背鰭，第一背鰭鰭高較高，第二背鰭後方另具有離鰭，臀鰭形狀與第二背鰭相同且位於第二背鰭正下方，尾鰭形狀為新月形，尾端尖，上下尾葉外觀類似鐮刀。身體顏色為藍紫色，腹部顏色為銀白色，腹面有數條褐色縱帶，魚鰭皆為藍黑色。

煙仔虎 *Katsuwonus pelamis*

■ 中文種名：正鰹、鰹　　■ 別稱：煙仔、小串、柴魚、肥煙
■ 外國名：Skipjack Tuna(美國加州、英國、南非、紐西蘭),
　　Skipjack(美國加州、英國、南非、澳洲、紐西蘭),Echter bonito(德國)

煙仔虎在魚類分類學上是屬於鯖亞目（Scombroidei），鯖科（Scombridae），鰹屬（*Katsuwonus*），台灣使用的中文種名為「正鰹」，本種在1758年由Linnaeus所命名發表。

台灣四周海域皆有煙仔虎的分布，大多棲息於大洋區的中上水層，有洄游的習性，有時會結群活動，食性為肉食性，以魚類或頭足類為食。

煙仔虎為台灣重要的經濟魚類，也是許多國家的重要魚獲物，產量多，在台灣捕獲的方式以流刺網、延繩釣、定置網以及一支釣為主。因屬洄游性魚類，每年的2月至6月以及9月至11月會游經台灣沿海或外洋，因此這幾個月份為其盛產期。台灣所捕獲的煙仔虎大部分都是加工成罐頭，為魚罐頭的主要原料，同時因煙仔虎的體型較大，在市場上出售的魚大多縱切成魚塊出售。煙仔虎料理的方式以油煎或煮湯為主，新鮮的煙仔虎也是做生魚片的好食材。煙仔虎與其他鯖科魚類一樣是極易腐敗的魚類，因此保鮮的工作十分重要，不新鮮的鰹魚易產生組織胺而使食用者過敏，在選購時需特別留意魚的鮮度。

黑喉的體型為側扁的長方形，頭型偏圓，眼睛的比例大些，吻端鈍不突出，尾柄細長，尾鰭形狀為楔形，上頜較下頜長，口裂大且傾斜，口內為黑色，此即為黑喉最容易辨識的特徵。頭部鱗片幾乎都是圓鱗，而身體其他部分的鱗片則為櫛鱗。腹鰭基部位於胸鰭基部下方，胸鰭寬度窄且長，尾鰭形狀為楔形。身體顏色為銀灰褐色，腹部及頭部顏色較亮，接近銀白，背鰭顏色通常為褐色，尾鰭顏色為深褐色，胸鰭為淺褐色，臀鰭上有細小黑點。

口內為黑色

黑　喉 *Atrobucca nibe*

中文種名：黑姑魚　　**別稱：烏喉、黑口、黑姑魚、加正、加網、臭魚**
外國名：Black-mouth Croaker(美國加州)

黑喉在魚類分類中是屬於石首魚科（Sciaenidae），黑姑魚屬（Atrobucca），中文種名為「黑姑魚」，本種在1911年由Jordan與Thompson所共同命名。

台灣沿海都有黑喉的分布，但主要還是分布於西部或北部沿海，黑喉喜歡棲息於有沙泥底質的沿岸，棲息深度約40至200公尺以上，食性為肉食性，以浮游動物、小魚及小型甲殼類為食。夏季為黑喉的繁殖季節，在繁殖季節時有大量聚集群聚的習性。

黑喉是台灣拖網漁業的重要魚獲物之一，5月至8月是台灣盛產黑喉的季節。黑喉在台灣早期一直為高價的海鮮，

民間流傳一句台灣話如下：「偌有錢，烏喉都會盤山過嶺；偌無錢，三介娘嘛無才調踉入戶」，這句話意指只要有錢不管到哪裡都可以享受黑喉，如果沒錢連最便宜的東西都買不起，可見黑喉在當時是十分高級的海鮮。另外一句台灣民間俚諺正也提到早期黑喉的昂貴，此句如下：「一鯃、二紅衫、三鯧、四馬加、五鮸、六加納、七赤鯮、八馬頭、九烏喉、十春子」，這十種魚類在早期台灣都是高級海鮮，在台灣很多鄉土語言中都以黑喉來比喻富有或是有錢人。台灣料理黑喉以油煎、炭烤或清蒸的方式為主，也可以糖醋方式料理。

紅鼓魚 *Sciaenops ocellatus*

■中文種名：黑斑紅鱸　　■別稱：美國鱸魚　　■外國名：Red Drum,Redfish

　　紅鼓魚在魚類分類上是屬於石首魚科（Sciaenidae），石首魚屬（Sciaenops），中文種名為「黑斑紅鱸」，本種是在1766年由Linnaeus所命名發表。

　　台灣並無紅鼓魚的分布，此魚原產於美國東南沿海至墨西哥灣。棲息環境的範圍非常廣闊，包括近海沿岸、潟湖、內灣、沼澤、河口及淡水河流，特別喜歡棲息於具有雜草的河流下游或清澈有水流的環境，對溫度及鹽度的適應非常好，屬於廣溫廣鹽性魚類，食性為肉食性，性兇猛，獵食性強，常以魚類或昆蟲為食。

　　台灣非紅鼓魚的產地，因其具有食用的經濟價值，所以由國外引進來台，此魚種是在1989年時由台灣的研究單位引進的，而於1991年至1992年之間在台灣繁殖成功。在台灣紅鼓魚的繁殖季節以春秋兩季為主，只要提供適宜的環境，幾乎整年皆可產卵，因紅鼓魚生殖方式屬於多次產卵型，也就是說體內的卵是分批成熟產出，因此繁殖方式採用自然產卵。紅鼓魚不僅可供食用，更是休閒漁業中海釣場的熱門魚種。紅鼓魚大多以活魚販售或是做成魚片及魚排。

褐色的圓點

▲

紅鼓魚的體型為稍側扁的長紡錘形，吻端圓鈍，上頜比下頜突出，側線完整。具有兩個幾乎連在一起的背鰭，第一背鰭基部短，外觀類似三角形，第二背鰭基部長，起始於第一背鰭末端，結束於尾柄，尾鰭形狀屬於內凹形，腹鰭位於胸鰭下方。身體顏色為銀黃綠色，背部顏色較深，呈淡黑色或褐色，腹部顏色為銀白色或銀黃色，各魚鰭的顏色皆與身體顏色相似，尾柄兩側各具有一個褐色的圓點。

黑鮸 *Johnius belangerii*

■中文種名：皮氏叫姑魚　　■別稱：加鯛

■外國名：Belenger's Croaker(美國加州),Belenger's Jewfish(澳洲、紐西蘭、泰國),Ghol(印尼)

黑鮸在魚類分類上是屬於鱸亞目（Percoidei），石首魚科（Sciaenidae），叫姑魚屬（*Johnius*），中文種名為「皮氏叫姑魚」，本種在1830年由Cuvier所命名發表。

黑鮸在台灣除了東部海域外，其他海域皆有分布，屬於夜行性的淺海魚類，喜歡棲息於具有沙泥底質的海域，如河口及近海沿岸都是黑鮸魚最喜歡的棲地，能利用鰾來發出聲音，這是此類魚類所特有的特徵。食性為肉食性，常在海域底層捕食底棲生物，如無脊椎動物或多毛類，由口部接近身體腹面的特徵，即可看出其底棲食性的特性。

黑鮸因喜歡棲息於沙泥底質的海域，因此在台灣西部比較常見，目前市面上所見的黑鮸都是野生捕撈的，是拖網漁業中十分重要的魚獲物之一，全年都可捕獲，而以春季與夏季為盛產期。在台灣料理黑鮸的方式以糖醋、清蒸、油炸及紅燒為主，但最適合的料理方式還是用煮湯的方式，最能表現出黑鮸的美味，此外也有加工曬成魚乾的製品。

黑鮸的體型側扁且長，背緣呈弧形，腹部鈍圓，尾柄細長，吻端鈍圓，口部接近身體腹面，眼大，上頜比下頜凸出。身體上的鱗片屬於櫛鱗，而吻端、頰部及喉部則為圓鱗所覆蓋，側線明顯且幾乎與背緣的弧度平行。背鰭基部長，且硬鰭與軟鰭交接處有深刻，腹鰭位於背鰭起點正下方。身體顏色以銀灰褐色為主，越靠近腹部顏色逐漸變淡，且具有銀白色亮光。

▼

口部接近身體

帕頭仔魚的體型為側扁的長橢圓形，背緣及
腹緣呈弧形，吻端鈍，口大且略為傾斜，口
內為白色，上下頜約等長，身體覆蓋的鱗片
屬於櫛鱗，而吻端、眼周圍及頰部則覆蓋著
圓鱗，尾鰭基部則有少許的小圓鱗。側線完
整，側線前半段呈弧形，幾乎與背緣平行，
而約至臀鰭上方時變得平直。背鰭單一且基
部長，尾鰭形狀為楔形。身體顏色為銀灰褐
色，背部顏色較深，越靠近腹部顏色逐漸變
成銀白色，鰓蓋上方具有黑斑塊，尾鰭顏色
為灰褐色。（黃一峰 攝）

鰓蓋上具有黑斑

帕頭仔魚 *Pennahia pawak*

■中文種名：斑鰭白姑魚、斑鰭彭納石首魚　　■別稱：春仔　　■外國名：Pawak Croak

　　帕頭仔魚在魚類分類學上是屬於鱸
亞目（Percoidei），石首魚科（
Sciaenidae），彭納石首魚屬（*Pennahia*
），台灣的中文種名為「斑鰭白姑魚」
，本種在1940年時由Lin所命名發表。其
他同樣被稱為帕頭仔魚的還有白姑魚
（*Pennahia argentata*）、截尾白姑魚（
Pennahia anea）與大頭白姑魚（*Pennahia
macrocephalus*）。

　　帕頭仔魚在台灣主要分布於西部海
域、北部海域以及澎湖周圍海域，特別
喜愛棲息於具有沙泥底質海域，有產卵

洄游之習性，春季至夏季為繁殖期，食
性為肉食性，以體型較小的魚類及甲殼
類等為食。

　　台灣全年皆可捕獲帕頭仔魚，而且
產量十分多，捕撈方式以底拖網及延繩
釣為主，春季至夏季不僅是帕頭仔魚的
繁殖期，同時也是盛產期。在台灣大多
把帕頭仔魚當成是廉價的海鮮，在沿海
地區並不是很多人喜歡食用，此魚種在
台灣雖不太受大眾的青睞，但在日本卻
是做成生魚片的好食材，肉質細嫩，也
十分適合以清蒸或油炸的方式料理。

麻虱目仔的體型為稍側扁的長紡錘形，吻端鈍且口小，眼睛大，身體鱗片為不易脫落的小圓鱗，側線發達明顯且平直，胸鰭以及腹鰭具有寬大的腋鱗。背鰭位於背部中央偏前的位置，腹鰭位置約在背鰭正下方，臀鰭的位置十分靠近尾鰭基部，大約是在尾柄的位置，尾鰭形狀為深叉形。身體顏色以銀白色為主，靠近背部的顏色為青綠色，越靠近背部顏色越深。

麻虱目仔 *Chanos chanos*

▇中文種名：虱目魚、遮目魚　　▇別稱：海草魚、安平魚、虱麻魚、國聖魚、塞目魚
▇外國名：Milk Fish(美國加州、澳洲、紐西蘭),Bangos(菲律賓)

麻虱目仔在魚類分類上是屬於虱目魚亞目（Chanoidei），虱目魚科（Chanidae），虱目魚屬（*Chanos*），虱目魚只有一屬一種，本種在1775年由Forsskål所命名發表。

台灣四周海域皆有麻虱目仔的分布，而以中南部較常見，為廣鹽性的熱帶性魚類，對鹽度的適應力十分強，因此在河口鹽分較淡的水域甚至是純淡水的河川中皆有其蹤跡。麻虱目仔是非常活潑好動的魚類，有群游的習性，生性敏銳易受驚嚇，會因輕微的驚嚇而躍出水面。麻虱目仔的食性為草食性，以海底的附著性藻類、浮游生物以及大型藻類的碎片為食，非常不耐低溫，水溫15℃以下時活動變得遲緩，12℃以下呈假死狀態，而低於9℃在短時間內即會凍斃。

麻虱目仔的名稱眾多，除了因紀念鄭成功而取為「國聖魚」以及屏東人發現牠們會吃海草而稱之為「海草魚」以外，其他所有的稱呼都是發音十分相似。麻虱目仔煮湯時，湯的顏色白稠，看起來很像牛奶，因此其英文名稱為Milk　Fish（牛奶魚）。

虱目魚的用途很廣，除了直接食用魚肉外，另外可以加工成魚丸，甚至體型較小的虱目魚，也是捕鮪業的最佳釣餌。麻虱目仔的細刺太多，吃起來十分不便是最大的缺點，但現在有很多業者開發出無刺虱目魚，在南部甚至有很多以虱目魚為主的餐館，而虱目魚肚更是台灣人的最愛，因魚肚肉無細刺，加上油脂較多且具有特殊的香味，因此虱目魚肚是一道很常見且美味的料理。

午仔魚 *Polydactylus* spp. ,*Eleutheronema* spp.

■別稱：馬鮁　　■外國名：Paradise Threadfin（美國加州）

　　午仔魚是馬鮁魚科（Polynemidae）的統稱，在台灣有2個屬共5種，分別是印度馬鮁魚（*Polydactylus indicus*）、小口馬鮁魚（*Polydactylus microstomus*）、五絲馬鮁魚（*Polydactylus plebeius*）、六絲馬鮁魚（*Polydactylus sexfilis*）、六指馬鮁魚（*Polydactylus sextarius*）、四指馬鮁魚（*Eleutheronema rhadinum*）等以上6種在台灣皆被稱為午仔魚。

　　午仔魚主要棲息於沙泥底質的沿岸，棲息水深約2至20公尺，為群棲性魚類，並常會成群洄游，有時也會游入河口或紅樹林內覓食，食性為肉食性，喜食甲殼類、魚類及如蠕蟲之類的底棲性生物。

　　午仔魚的魚獲方式有利用流刺網、底拖網、定置網或是釣獲等方式，因其肉質十分細緻鮮美，為台灣高經濟價值魚種。料理方式以油煎、清蒸或煮薑絲湯為主。

六絲馬鮁魚（*Polydactylus sexfi*

▼

午仔魚的營養價值

據行政院衛生署的營養成分分析，每100公克重的四指馬鮁魚所含的成分如下：熱量110Kcal，水分77克，粗蛋白19.4克，粗脂肪3.0克，灰份1.3克，膽固醇62毫克，維生素B1 0.04毫克，維生素B2 0.11毫克，維生素B6 0.15毫克，維生素B12 2.04毫克，菸鹼素1.90毫克，維生素C 0.4毫克，鈉91毫克，鉀354毫克，鈣12毫克，鎂34毫克，磷224毫克，鐵0.5毫克，鋅0.6毫克。

四指馬鮫魚（*Eleutheronema rhadinum*）

午仔魚的體型為側扁的長橢圓形，頭部前端圓鈍，吻短而圓，口下位，身體的鱗片為櫛鱗，背鰭、臀鰭以及胸鰭的基部皆具有鱗鞘，具有完整平直的側線。午仔魚有兩個相距甚遠的背鰭，分別為硬棘部與軟條部，胸鰭分為上下兩部份，上部胸鰭鰭條不分叉，下部有3至8根呈分離絲狀的軟條，分叉的鰭條數為分類的主要依據，例如五絲馬鮫魚具有五枚分叉，尾鰭形狀為深叉形。身體為銀灰色。

白力魚的體型側扁，背部較平直，腹部較大且具有稜鱗，口裂傾斜，其角度幾近垂直，吻端微翹，眼睛大，身體的鱗片屬於易脫落的中大型圓鱗，不具有側線。背鰭小，不具有硬棘，而且位置約位於身體中央，臀鰭基部長，鰭的高度很低，腹鰭十分的小，尾鰭形狀為叉形。身體顏色為銀白色，背部的顏色較深，呈灰色，腹部顏色也為銀白色，背鰭以及尾鰭的邊緣為灰黑色，魚鰭為淡黃綠色。

▼

白力魚
Ilisha elongata

■中文種名：鰳、長鰳

■別稱：白鰳魚、力魚、曹白魚

■外國名：Elongate Ilisha(美國加州),Slender shad(泰國),
Beliak Mata(馬來西亞),Alose gracile(法國),Chinese Herring

白力魚在魚類分類上屬於鯡亞目（Clupeoidei），鋸腹鰳科（Pristigasteridae），鰳屬（*Ilisha*），台灣使用的中文種名為「鰳」，本種在1830年由Bennett所命名發表。

在台灣西部、北部以及澎湖海域皆有白力魚的分布，為中上層洄游群居性魚類，喜歡棲息於具有沙泥底質的河口或沿岸海域，光線較強的白天大多棲息於水域的底層，至黃昏光線逐漸變暗後，會逐漸往水面的中上層移動，有時偶爾會進入鹽分十分淡的河川內。食性為肉食性，以小型底棲動物為食，如蝦類、頭足類或多毛類，也會捕食體型較小

的魚類。在日本，白力魚的繁殖期約在4月至7月，台灣則約在5月至6月左右為繁殖期，白力魚喜歡在沙泥底質的水域且鹽份低的河口內產卵，有時甚至會游至河口上游15公里處的河川產卵。

白力魚在台灣大多以流刺網捕獲較多，其肉質十分鮮美，是很重要的食品加工的魚種之一，白力魚常被加工製成霉香魚，是國際上十分受歡迎的加工魚產品，在香港稱白力魚為「魚產加工品龍頭」，可見其在加工食品上的地位有多重要，魚鱗的完整性是決定加工白力魚的品質優劣之關鍵。

▲

豆仔魚的體型為延長的紡錘形，身體前半部呈圓形，而後半部身體則較側扁，頭部短小，
吻短且鈍，眼大，有擬鰓。身體鱗片會隨著成長而改變，在稚魚時身體鱗片屬於圓鱗，隨
著成長會轉變為櫛鱗，側線完整且明顯。具有兩個背鰭，第一背鰭只由4條硬棘組成，位
於背部中央；第二背鰭比第一背鰭大，臀鰭位置約位於第二背鰭下方，尾鰭形狀為內凹形
。身體顏色以銀白色為主，背部顏色較深，呈深綠色，腹部顏色則為白色，胸鰭顏色為黃
色，腹鰭為白色，背鰭與臀鰭皆為灰色，尾鰭為暗藍色且邊緣有黑邊。

豆仔魚　*Liza macrolepis*

■中文種名：大鱗鮻

■外國名：Troschel's Mullet(澳洲、紐西蘭、印尼),Borneo Mullet(泰國)

豆仔魚在魚類分上是屬於鯔科（Mugilidae），鮻屬（*Liza*），中文種名為「大鱗鮻」，本種是在1846年由Smith所命名發表。

台灣四周海域皆有豆仔魚的分布，主要棲息於具有砂泥底質的沿岸區，也棲息於半淡鹹水的水域，如河口或紅樹林等，會成群活動及覓食，有產卵洄游的習性，冬季時會由西北部南下至西南部的海域產卵，孵化後的幼魚會隨著潮流而分散於台灣各地的沿岸或河口。食性為雜食性，隨著成長會轉為草食性，以沙泥底質中的藻類及有機碎屑為生。

豆仔魚為台灣十分常見的食用魚類，但因體型小且經濟價值比烏魚差，因此雖有人工養殖，但並不是很普遍。野生豆仔魚的捕獲方式以沿岸流刺網及吊著網為主，全年皆可捕獲，而以12月至翌年1月之間的捕獲量最多。豆仔魚不僅可供食用，也是海釣常用的釣餌之一。豆仔魚的肉質細嫩，料理方式以清蒸或煮湯為主，另外也十分適合紅燒。

延長成絲狀的軟條

▲

海鰱的體型側扁且偏長，吻端鈍，眼大，口大且口裂傾斜，下頜比上頜突出。身體的鱗片屬於圓鱗，鱗片偏大，體側的側線完整且走向平直。單一背鰭，背鰭的外形類似三角形，位於背緣的中央位置，背鰭末端靠近基部處具有延長成絲狀的軟條，腹鰭小，位於背鰭正下方的位置，外形類似三角形，臀鰭位於腹鰭與尾鰭之間的位置，基部略長，前半段鰭條長，外形如背鰭的縮小版，尾鰭形狀為深叉形。身體顏色為銀青灰色，背部顏色較深，顏色逐漸往腹部變淺，腹部的顏色為銀白色，胸鰭、腹鰭以及臀鰭的顏色為淡黃色，背鰭與尾鰭為顏色較深暗的淡黃色。

海　鰱 *Megalops cyprinoides*

▓中文名：大眼海鰱、大海鰱　　▓別稱：海菴

▓外國名：Indo-Pacific Tarpon (美國加州),Tarpon Indo-Pacifique(法國),
　　Tarpón Indo-Pacífico(西班牙),Tarpon(澳洲、紐西蘭、泰國),
　　Ox-eye Herring(澳洲、紐西蘭),Bulan-Bulan(馬來西亞)

　　海鰱在魚類分類上是屬於海鰱目（Elopiformes），大海鰱科（Megalopidae），大海鰱屬（*Megalops*），台灣使用的中文種名為「大眼海鰱」，本種在1782年由Broussonet所命名。

　　海鰱除了在東部海域較少見外，台灣四周海域皆有分布，棲息的範圍十分廣闊，岩礁區、河口、潟湖以及沙泥底質的沿海海域皆有其蹤跡，但大多還是以棲息於近海沿岸為主，因其對鹽分的適應力強，有時甚至會出現在河川下游河段。食性為肉食性，以各種小型水生生物為食。

　　海鰱在台灣的市場上較少見，因肉質稍差且細刺多，較少人食用，台灣漁民捕抓海鰱的方式以拖網、圍網以及流刺網為主，由於大眾對海鰱接受度不高，因此捕獲的海鰱大多加工製成鹹魚。

海鯽仔的體型呈側扁的長橢圓形,吻短且鈍,眼大,上頜比下頜突出,身體的鱗片為圓鱗,鱗片形狀為橢圓形且後緣為鋸齒狀,胸鰭與腹鰭的基部皆具有腋鱗。背鰭單一,且末端具有延長成絲狀的軟條,此絲狀延伸的軟條是海鯽仔最重要的特徵;腹鰭起始於位於背鰭第一根鰭條下方的位置,尾鰭形狀為深叉形。身體顏色在側線以上為銀綠褐色,側線以下與腹部為銀白色,魚鰭幾乎都是淡黃色。鰓蓋後上方有一個略模糊的黑斑。

▼

背鰭末端延長
成絲狀的軟條

鰓蓋上方的黑斑

海鯽仔 *Nematalosa japonica*

▰中文種名:日本海鰶　　▰別稱:鰶魚、扁屏仔、油魚、日本水滑

▰外國名:Japanese Gizzard Shad

　　海鯽仔在魚類分類上是屬於鯡亞目(Clupeoidei),鯡科(Clupeidae),海鰶屬(*Nematalosa*),中文種名為「日本海鰶」,本種是在1917年由Regan所命名發表。

　　台灣除了東部海域外,其餘海域皆有海鯽仔的分布,大多棲息於沿海海域、潟湖甚至河口,屬於底棲性的洄游性魚類,有群游的習性,產卵時會進入鹽分較淡的河口、內灣或是河川下游。

　　海鯽仔在台灣的產量不多,並非漁船的主要魚獲,大多是零星捕獲或是混在其他海鮮中,捕撈方式以流刺網為主。海鯽仔的料理方式以醃漬或乾製方式較多,尤其是醋製的方式最為常見,海鯽仔的脂肪含量多,營養豐富。體型大的海鯽仔適合鹽烤或香炸,體型小的則因魚刺多且身體薄,能食用的肉並不多,因此只適合將魚肉中的刺剔除後,作成醋拌物或壽司的材料。以前日本的武士在切腹自殺時都會準備海鯽仔,因此在日本又有「切腹魚」之稱。

烏　魚 *Mugil cephalus*

■中文種名：鯔　　■別稱：信魚、正烏

■外國名：Flathead Grey Mullet,Striped Mullet,Black Mullet(美國加州),
Grey Mullet(英國、泰國、澳洲、紐西蘭),Sea Mullet,Bully Mullet,
Mangrove Mullet (澳洲、紐西蘭),Mulet cabot(法國),Meeräsche(德國),
Pardete,Cabezudo,Capitan,Mujol(西班牙), Haarder,Springer,Mullet(南非)

烏魚在魚類分類上是屬於鯔形目（Mugiliformes），鯔科（Mugilidae），鯔屬（*Mugil*），中文種名為「鯔」，本種在1758年由Linnaeus所命名發表。

烏魚性活潑，喜愛棲息於河口及港灣，並能進入淡水生活，可以適應淡水、半鹹水或海水等不同環境，成魚以著生沙泥表層的矽藻和其他生物為食，分布於全世界的溫帶與熱帶海域。每年冬季在台灣附近海域產卵洄游，繁殖期為十月至翌年一月，懷卵量每尾約有290至720萬粒，魚卵呈浮性，球狀，為珍貴食材「烏魚子」的原料。烏魚在中國大陸的廣東汕頭、汕尾、福建、浙江、江蘇、天津等地早已展開養殖，日本的愛知、靜岡兩縣亦有養殖，以色列、義大利也都有烏魚的養殖。日本及中國大陸多採捕自天然種苗，以色列則採種魚培育、採卵，以人工授精方式培育種苗。

農曆冬至前後一個月的時間，是一年一度為漁民帶來「烏金」的烏魚季節。每年只要到了冬天就有烏魚出現，所以人們又稱牠為「信魚」，讚許其守信用。古書上記載烏魚，首推明朝的醫藥學家李時珍，他在1590年著成的『本草綱目』中對烏魚是這樣描述的：「鯔色鯔黑故名，粵人訛為子魚鯔生於東海，狀如青魚，長者尺餘，其子滿腹，有黃脂味美，獺喜食之，吳越人以為佳品，醃為鯔腊。肉氣味甘平無毒，開胃利五臟，令人肥健與百藥無忌。」

烏魚的背鰭有二個，第一背鰭的起點距吻端與尾鰭基的距離相等。尾鰭形狀為叉形，後緣缺刻深。身體顏色為銀青灰色，腹部顏色為銀白色，體側具有七條暗色縱帶。雌烏魚可長達60公分以上，雄烏魚在50公分以上。其體型為長圓筒狀，頭部扁平，口小，下頜前端有一凸起，與上頜中央的缺刻凹陷嵌合，口內具絨毛狀細齒。眼有廣闊的脂眼瞼，延伸至瞳孔。鰓耙細密，體側無側線，身體的鱗片屬於櫛鱗，鱗上被深色縱帶，頭部被圓鱗。

烏魚的營養價值

根據行政院衛生署的營養成分分析，每100公克的烏魚營養成分如下：熱量127Kcal，水分72克，蛋白質22克，脂肪4克，糖0.8克，灰分1.2克，鈣42毫克，磷220毫克，鐵6毫克，維生素B1 0.23毫克，B２ 0.06毫克，菸鹼素3.7毫克。而烏魚子的一般成分是：水分59.94％、粗脂肪6.69％、粗蛋白質27.39％、灰分6.19％。

脂肪充盈、肌體豐肥的烏魚，其肉味鮮美，雄烏魚的精巢（俗稱烏白或烏魚鰾）、雌烏魚的卵巢（俗稱烏魚子）及烏魚的胃囊（俗稱烏魚胗），都是下酒的好菜。過去烏魚子是人人皆知的珍品，但這幾年魚鰾的身價上揚不已，已有高過烏魚子之勢。相傳滋補壯陽，夜市的一盤魚鰾，要價高過整條烏魚，烹調方式是用半煎半炸方式，先將囊皮弄酥後，佐以辣、蒜、酒三味加以悶煮，下酒佐菜，風味絕佳，男士們趨之若鶩。烏魚子的外觀以色澤橙紅均勻為佳，以酒擦拭乾淨，用火熱後切成薄片，加上一片白蒜、一片白蘿蔔，再沾點芥茉醬油，令人有齒頰留香之感。高雄茄萣是烏魚子的故鄉，歷史已有二、三百年，一直是昂貴而供不應求之食品。但

近幾年來，也有甚多貿易商為因應市場需求，進口外國的烏魚子加工，對漁民造成不少衝擊，不過內行人說，「台灣子」總比「巴西子」美妙，或許是土雞比洋雞好吃的道理罷。

烏魚胗是烏魚的幽門，口感相當爽脆，勝過雞、鴨的胗，如燒烤後將其撕成絲狀，甚具嚼感。烏魚胗炒蒜苗或是煮湯，風味都不錯。

被剖了腹、拿了胗後的烏魚，台灣稱之為「烏魚殼」，是米粉的絕配，一鍋烏魚煮米粉是高雄茄萣、屏東、東港討海人家的待客珍饌，嘉義人喜愛將烏魚燉米糕，而煎麻油米酒烏魚，聽說對促進產婦泌乳很有助益。

頭長且吻端尖

喜相逢的體型呈側扁的長條形，吻端尖形，下頜比上頜突出許多，眼大。背部具有長方形的脂鰭，雄魚臀鰭呈弧形，腹鰭的位置約在背鰭的下方腹部的位置，尾鰭形狀為深叉形，尾端尖細。魚體體側有兩條稜狀帶，一條由鰓至尾柄，另一條由胸鰭至腹鰭，魚體背部呈銀暗褐色，腹面顏色為銀白色。

▼

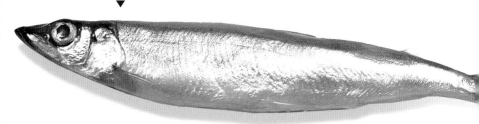

喜相逢 *Mallotus villosus*

■■中文種名：柳葉魚、毛鱗魚

■■外國名：Atlantic Capelin(美國加州),Capelin(英國),Capelán(西班牙)

　　喜相逢在魚類分類上是屬於胡瓜魚科（Osmeridae），毛鱗魚屬（*Mallotus*），台灣使用的中文種名為「柳葉魚」，本種在1776年時由Mler所命名發表。

　　喜相逢分布於溫寒帶的海域，例如北極洋，經常成群在沿岸的表層水域洄游，春天至夏天為其產卵期，成魚會游至底質為沙質或圓石的海灘產卵，食性為肉食性，以小型魚類、浮游生物或小型無脊椎動物為食。

　　喜相逢屬於冷水域的海水魚，因此在台灣並沒有分布，但在市場上頗受歡迎，是很常見的進口魚種之一，尤其名稱討喜，所以在喜宴上也經常可見用喜相逢做成的菜。喜相逢在原產地是以圍網方式捕抓，產量十分大，為大西洋海岸的重要魚獲物之一，在台灣以食用抱卵的雌魚為主，幾乎都是以油炸的方式料理。

尖梭的體色在側線以上為銀青灰色，越接近背部頂端，顏色越深，側線以下至腹部顏色逐漸變成銀白色，除了尾鰭為黃色以外，其他的魚鰭大多為淡黃色。其體型長且略為側扁，身體橫切面約呈橢圓形，背緣曲線幾近平直，頭長且吻端尖，口大，口裂長且明顯，眼大，下頜比上頜突出。身體鱗面屬於小型圓鱗，側線完整且平直。具有兩個距離甚遠的背鰭，兩個背鰭皆十分短小，腹鰭約位於第一背鰭正下方，臀鰭位於第二背鰭的正下方，胸鰭短，尾鰭外型為深叉形。

尖　梭　*Sphyraena flavicauda*

▓▓中文種名：黃尾金梭魚、黃尾魣　　▓▓別稱：竹操魚、針梭、竹梭

▓▓外國名：Barracuda,Sea-pike

　　尖梭在魚類分類上屬於鯖亞目（Scombroidei），魣科（Sphyraen-dae），魣屬（*Sphyraena*），在台灣共有8種尖梭，而中文種名「黃尾金梭魚」是最常見的種類之一，黃尾金梭魚是在1838年由Rüppell所命名發表。尖梭是所有魣屬魚類的統稱，本文介紹的黃尾金梭魚具有尖梭最典型的外形，也是台灣十分常見的種類。

　　台灣四周海域皆有尖梭的分布，喜歡棲息於廣闊水域，如大洋區、近海海域、岩礁區、潟湖甚至是河口也可常見到，屬於中表層魚類，喜歡聚集成小群體一起活動，有些種類特別喜歡群棲，甚至會有上千隻的尖梭聚集在一起群游的壯觀景象。幼魚常在河口被發現，食性為肉食性，其游泳速度快，以追捕其他魚類為食。

　　尖梭是很美味的海鮮魚類，也是休閒漁業的主角，台灣每年有不少潛水愛好者為了親眼目睹成群的尖梭而出國潛水拍照，因為台灣的海域較少出現上千尖梭群游的景象。不過在2004年2月初，墾丁國家公園的海域就出現了上千隻的尖梭魚群，其中以布氏尖梭最多，相關單位指出這是20年來台灣首次出現這麼大群的尖梭魚群。

　　尖梭在台灣海域聚集的數量雖然較少，但一直十分穩定，全年皆可捕獲，盛產期集中於夏季至秋季，大多以定置網、流刺網或拖曳釣捕抓，同時喜愛船釣的釣友也以尖梭為目標魚種之一，海釣尖梭的季節以7月至9月較多。尖梭的料理方式以油煎、紅燒或燻烤為主，也很適合用來煮湯。

秋刀魚 *Cololabis saira*

■中文種名：秋刀魚、竹刀魚　　■別稱：山瑪魚

■外國名：Pacific Saury,Saurypike,Mackerel-pike,Skipper(美國加州、英國),
　　Balaou du japon(法國),Paparda del Pacífico(西班牙)

　　秋刀魚在魚類分類上屬於頜針魚目（Beloniformes），秋刀魚科（Scomberesocidae），秋刀魚屬（*Cololabis*），台灣使用的中文種名為「秋刀魚」，本種在1856年由Brevoort所命名發表。

　　秋刀魚這個名字，事實上是源自日本的漢字，大家習慣沿用至今。也有人稱呼牠為山瑪魚，乃是直接音譯自日文的發音。秋刀魚是很普遍且大眾化的食用魚類，在台灣一年到頭都可吃到。屬於海洋性魚類，冬末春初在日本海南方產卵，夏季則向日本北海道及千島外洋移動，秋刀魚主要以浮游性甲殼類為食。日本捕捉秋刀魚的歷史十分悠久，已長達300年之久，而台灣的秋刀魚漁業於1977年才開始。

　　秋刀魚的脂肪含量相當高，鮮嫩味美，尤其是內臟苦中帶甘更屬佳品。挑選秋刀魚時要注意，魚肚完整不要有破裂，否則鮮度較差；尾鰭及吻端是黃色的話，表示其脂質佳；另外鱗片多，魚體顏色鮮亮，表示魚很新鮮。

　　秋刀魚的料理方法以鹽燒最為普遍，魚解凍後，用少許細鹽抹上魚體，放置10分鐘後，用火烤熟，上桌前擠檸檬汁，淋在魚上，不僅香味佳，口感更棒，是下飯、佐酒的佳餚，尤其是一口酒，一箸魚肉，細嚼慢飲，令人難以忘懷。用少許油煎秋刀魚味道亦好，此外秋刀魚煮麵線和米粉是點心及宵夜的最佳食品。

▲

秋刀魚的體型修長如梭而略為側扁，吻端尖，下頜比上頜長，背部幾乎平直。背鰭與臀鰭後方皆具有離鰭，胸鰭小，尾鰭形狀為深叉形。身體背部的顏色為青黑色，腹部顏色為銀白色。

突鼻仔魚 *Thryssa dussumieri*

■中文名：杜氏稜鯷　　■別稱：凸鼻仔

■外國名：Dussumier's Anchovy, Dussumier's Thryssa

　　突鼻仔魚在魚類分類上是屬於鯡亞目（Clupeoidei），鯷科（Engraulidae），稜鯷屬（*Thryssa*），中文種名為「杜氏稜鯷」，本種在1848年由Valenciennes所命名發表。

　　突鼻仔魚幾乎只分布於台灣西部沿海海域以及澎湖周圍海域，常成群在河口或是靠近岸邊的海域活動，棲息水層以表水層為主，食性為肉食性，以海中的浮游生物或懸浮的有機物為食。

　　台灣全年皆可捕獲突鼻仔魚，雖然產量多，但市場上卻不多見，捕獲的方式以流刺網、底拖網及焚寄網為主，因體型瘦小，食用價值較低，因此所捕獲的突鼻仔魚大多是加工製成魚乾或當成飼料的原料出售，在市場上也有販賣，一般家庭的料理方式以油炸為主。

突鼻仔魚的體型為側扁，吻端鈍圓，鼻頭較突出些，口大，口裂傾斜，覆蓋身體的鱗片屬於易脫落的中大圓鱗，腹鰭前後皆有銳利的稜鱗，體側不具有側線。單一個背鰭，背鰭位於身體中央位置，背鰭前方具有一根獨立的硬棘，雖屬於背鰭的一部分，但無鰭膜與其他鰭條相連接，臀鰭基部長，前端的鰭條較後端長，尾鰭形狀為叉型。體色為銀白色，背部顏色較深，呈銀灰色，腹鰭與臀鰭顏色為半透明，胸鰭、背鰭以及尾鰭的顏色為淺黃色。

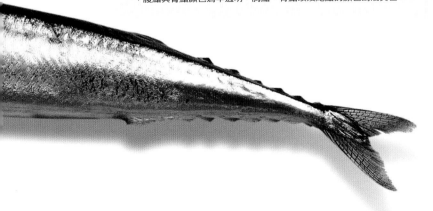

口周圍有三對鬚

成仔魚的體型稍長,頭部平斜呈上下扁平,後半部的體型為長形且側扁,口的開口朝下,上頜比下頜突出,口周圍具有三對鬚,吻端的鬚是最長且最粗的。體表為不具鱗片的皮膚,皮膚多黏液且光滑,背鰭單一,背鰭具有一根堅硬的棘,其餘的鰭條皆為軟條,背鰭後方靠近尾柄處具有一個小脂鰭,臀鰭位於脂鰭正下方的位置,腹鰭大位於腹面,胸鰭大且具有一根堅硬的硬棘,尾鰭形狀為深叉形。身體顏色為銀灰白色,背部顏色較深呈藍褐色,腹部顏色為銀白色。

成仔魚 *Arius maculatus*

■■中文種名:斑海鯰　　■■別稱:海塘虱魚、成仔丁

■■外國名:Spotted Catfish(美國加州),Sea Catfish

　　成仔魚在魚類分類上是屬於鯰形目(Siluriformes),海鯰科(Ariidae),海鯰屬(*Arius*),中文種名為「斑海鯰」,本種是在1792年由Thunberg所命名發表。

　　成仔魚在台灣除了東部海域外皆有分布,喜歡棲息於具有沙泥底質的海域,為夜行性底棲性魚類,棲息範圍包括河川的下游河段、河口以及具有沙泥底質的沿岸海域,經常出現在河口,大多單獨活動,偶爾會聚集成小群體一起活動,背鰭以及胸鰭上具有尖銳的硬棘,硬棘可分泌毒液,以防禦掠食者的攻擊。

　　成仔魚在西部以及南部的市場較常見,但因肉質腥味重,因此不是很受歡迎,捕撈方式以流刺網、延繩釣以及底拖網為主,不是作業船隻的主要魚獲物,盛產期約在春夏兩季。由於成仔魚的肉質腥味重,因此料理方式只適合與其他調味料一起燉煮,也可用中藥材一起下去做藥燉成仔魚。處理成仔魚時,需特別留意魚鰭上的硬棘,銳利的硬棘具有毒素,千萬不要被刺傷。

Red

A MARKET GUIDE FOR FISHES & OTHERS

【紅色魚族】

紅色吳郭魚 *Tilapia* sp.

■中文種名：尼羅魚　　■外國名： Red Mouthbreeder,Red Tilapia
■別稱：台灣鯛、紅色尼羅魚、姬鯛、紅吳郭魚、濱鯛

　　紅色吳郭魚是由吳郭魚突變而來，因此其分類與一般的吳郭魚一樣都是屬於隆頭魚亞目（Labroidei），麗魚科（Cichlidae），紅色吳郭魚幾乎都是羅非魚屬（*Tilapia*）。

　　紅色吳郭魚是由國外引進的吳郭魚突變而來，吳郭魚可在淡海水環境下存活，對環境的適應力非常好，河川、湖泊甚至都市的排水溝都有吳郭魚的蹤跡。紅色吳郭魚經研究單位的研究與培育，將其特殊的體色固定下來，水產試驗所鹿港分所所長郭河先生在民國五十七年由台南養殖戶的池中發現紅色吳郭魚後，他繼續研究及培育更穩定的紅色吳郭魚，不過這種突變種的體色並不是很穩定，繁殖的後代中往

往會出現黑色斑點，經研究改良，培育出幾乎無黑斑的後代比例越來越高了。

　　紅色吳郭魚剛問世時，中部的養殖戶曾以「淡水赤鯮」或「淡水嘉鱲」等名稱來推廣販售，市場有不錯的反應，外銷日本時也有不錯的成績，後來為了提升紅色吳郭魚的知名度，因此在市場上紅色吳郭魚也曾以「姬鯛」的名稱販售。紅色吳郭魚在市場上大多以冷凍生鮮魚或魚排販售，較少以活魚方式出售，台灣大多數養殖的紅色吳郭魚也以加工製成魚排外銷到國外的方式較多。紅色吳郭魚的料理以油煎為主，也可以鹽燒的方式料理，幾乎所有的料理方式都十分適合。

郭魚的體型為側扁的橢圓形，背緣呈弧形，吻端鈍且唇厚，有些品系的甚至嘴唇會明顯的翹起。身體的鱗片屬於櫛鱗，鱗片大，側線完整且平一背鰭，背鰭基部長，硬棘部與軟條部之間無下凹，背鰭末端鰭條延長外觀與背鰭的軟條部相似，胸鰭與腹鰭略長，尾鰭形狀為截形。體色皆色，因其為突變種，因此有些個體顏色較不穩定，有的還會出現黑斑。

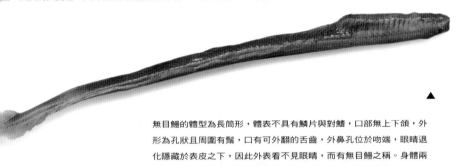

無目鰻的體型為長筒形，體表不具有鱗片與對鰭，口部無上下頜，外形為孔狀且周圍有鬚，口有可外翻的舌齒，外鼻孔位於吻端，眼睛退化隱藏於表皮之下，因此外表看不見眼睛，而有無目鰻之稱。身體兩側靠近腹面的體側有兩列黏液孔，能在體表分泌大量的黏液。

無目鰻 ■外國名：Inshore Hagfish ■別稱：鰻背、龍筋、青眠鰻

　　無目鰻在分類上皆屬於盲鰻科（Myxinidae），分布在台灣的盲鰻有2屬8種，這8種漁民皆以無目鰻稱之。

　　無目鰻大多為深海底棲性魚類，只有少部分棲息在淺海，食性為肉食或腐食性，除了會以魚類、蠕蟲或軟體動物為食以外，也特別喜歡吃已死亡的魚類屍體，可說是深海的清道夫，專門負責清理魚類屍體，而棲息在淺海的無目鰻有時也會攻擊剛被魚網捕獲或釣獲的魚類。無目鰻為雌雄異體，成長時沒有變態的過程。

　　早期捕獲的無目鰻常被當作無經濟價值的下雜魚，無人食用，最近才開始有人食用無目鰻，也發現了牠的美味之處。無目鰻的捕獲方式以深海底拖網為主，所以只要是以深海底拖網作業為主的漁港皆可發現無目鰻的蹤跡，在宜蘭大溪漁港的下雜魚堆內就可發現很多體型小的無目鰻，

而體型大的無目鰻皆已被漁民挑選起來販賣。對於出海作業的漁船來說，無目鰻不是主要的魚獲物，而全台灣幾乎只有東港有專門捕撈無目鰻的漁船在作業，因此無目鰻可說是東港的特產之一。

　　無目鰻在食用前必須先經過剝皮處裡，再將體內的內臟清除洗淨，然後把頭部切除，在南部的漁港大多是先經過此程序處理後才在市場上販賣。

　　無目鰻在日本原本就是食用魚之一，在台灣則是近幾年來才開始拿來食用，而無目鰻除了吃以外還有一個用途，無目鰻的皮可加工成皮革，以製造皮包或皮帶。無目鰻因其肉質十分堅韌，料理後咬勁十足，因此又被稱為「龍筋」，龍筋在東港可說是一道當地的特產料理，其料理方式以辣炒九層塔為主，另外還可鹽酥盲鰻、清燙盲鰻等。

頭小，吻端鈍圓且短，
口裂傾斜，眼大。

紅連仔的體型側扁，呈帶狀，身體後半部逐漸變得尖細，背緣平直，腹緣呈一斜面，身體覆蓋的鱗片屬於圓鱗，鱗片細小。背鰭基部十分長，由頭部與軀幹部的交界處開始延伸，至尾部與尾鰭相連接，臀鰭基部長度與背鰭相同，臀鰭的外觀與長度都幾乎與背鰭相同，臀鰭最後與尾鰭連接。身體顏色為橘紅色，背部的顏色較深，體側具有橘黃色橫帶，魚鰭的顏色皆與身體體色相連接，背鰭前端具有一個大黑斑。

尾鰭退化成尖形，
背鰭與臀鰭最後在尾
端是連接在一起的。

紅連仔 *Acanthocepola indica*

▓中文種名：印度棘赤刀魚　　▓別稱：紅連魚　　▓外國名： Bandfish

紅連仔在魚類分類上是屬於鱸亞目（Percoidei），赤刀魚科（Cepolidae），棘赤刀魚屬（*Acanthocepola*），中文種名為「印度棘赤刀魚」，本種在1888年由Day所命名發表。

紅連仔在台灣主要分布於澎湖海域，喜歡棲息於具有沙泥底質的深海，有時會出現在水深較淺的淺海，屬於底棲性魚類，有挖掘洞穴的習性，平時大多棲息於所掘的洞穴中，以頭上尾下的方式，在洞穴附近覓食，很少離開自己的洞穴，食性為肉食性，以小型魚類以及甲殼類為食。

紅連仔的體型小，在台灣常被底拖繩捕獲，產量不多也不穩定，經濟價值不高，被捕獲的紅連仔因經濟價值不高，因此大多以下雜魚的方式處理。

紅石斑的體型為側扁的長橢圓形，頭部略長，吻端鈍，口大，口裂傾斜，眼睛十分接近於頭部頂緣。身體鱗片屬於細小的櫛鱗，具有完整的側線。背鰭單一且基部長，背鰭前三分之二為硬棘，後三分之一為軟鰭，硬棘部與軟棘部之間無下凹，臀鰭與腹鰭的末端ς, 胸鰭外形為圓形，尾鰭形狀呈彎月形，各魚鰭的末端尖且延伸呈絲狀。身體顏色為深紅色，身體兩側都有白點分布，尾鰭末端內凹處鑲有白色細邊。

紅石斑 *Variola albimarginata*

■中文種名：白緣星鱠、白邊側牙鱸　　■別稱：過魚、石斑、朱鱠
■外國名：Whitemargin Lyretail Grouper, Moontail Seabass, Lunar- tailed Grouper

　　紅石斑在魚類分類上是屬於鱸亞目（Percoidei），鮨科（Serranidae），側牙鱸屬（*Variola*），台灣使用的中文種名為「白緣星鱠」，本種在1953年由Baissac所命名發表。

　　紅石斑在台灣的珊瑚礁海域皆有分布但主要分布於東部、西部、南部以及外島的周圍海域，喜歡水質乾淨的水域，且多半在有岩礁的沿海海域或是珊瑚礁海域出沒，白天在岩礁或珊瑚礁周圍覓食，食性為肉食性，生性兇猛貪食，以小型魚類

或甲殼類為食。紅石斑與其他石斑一樣具有性轉變的特性，屬於先雌後雄的魚類，雌魚會隨著成長而逐漸轉變為雄魚，雄魚的體型都是最大的。

　　紅石斑屬於高級的海鮮魚類，料理食用前最好將內臟清除乾淨，台灣捕撈紅石斑的方式有一支釣、手釣或是設陷阱，甚至是潛水員潛水時捕抓，不只具有食用價值，也有觀賞價值。紅石斑的料理方式以清蒸最佳。

七星斑 *Cephalopholis miniata*

■中文種名：青星九刺鮨、青星九棘鱸　　■別稱：過魚、紅鱠、紅條、紅格、仔石斑
■外國名： Vermillion Seabass（美國加州）,Blue-spotted Vermitlion Fish,
　　Vermillion Coral Cod(泰國),Coral Trout(澳洲、紐西蘭),
　　Blue-spotted Rock Cod,Garrupa(南非)

A MARKET GUIDE FOR FISHES & OTHERS

　　七星斑在魚類分類上是屬於鱸亞目（Percoidei），鮨科（Serranidae），九棘鱸屬（*Cephalopholis*），台灣使用的中文種名為「青星九刺鮨」，本種在1775年時由Forsskål所發表。

　　七星斑分布於印度洋至太平洋的海域，在台灣則是沿海都有分布，包括澎湖、蘭嶼、小琉球以及綠島，喜歡棲息於水深約2至150公尺，具有礁岩且水質清澈的環境，因此在岩岸較多見。食性為肉食性，常在早晨或是傍晚時覓食，以小型魚類及甲殼類為食，同種之間有蠶食的習性，在幼魚期的蠶食現象特別明顯。七星斑喜歡單獨活動，不喜群居，白天在岩礁旁活動，晚上則會藏於岩縫或岩洞內休息，至繁殖期時才會一起活動。與其他石斑一樣具有性轉變的特性，屬於先雌後雄的魚類，雌魚會隨著成長而逐漸轉變為雄魚，雄魚的體型都是最大的，在繁殖時由一隻雄魚與2至12隻體型較小的雌魚組成群體。

　　台灣目前所見的七星斑大多是野生捕抓的，不過因為目前野生的數量不多，因此市面上販售的大多由東南亞進口。因七星斑棲息於礁岩區或珊瑚礁，又喜歡獨居，因此捕抓方式只能以釣獲或是夜間潛水捕抓或以魚槍獵殺，於是成為釣客最喜歡釣獲的魚種之一。在台灣因市場價格很好，為高級的海鮮，因此在海鮮店或漁港內的魚市場內較易找到七星斑。七星斑的幼魚具有鮮豔的體色，也是很受歡迎的海水觀賞魚之一。七星斑在台灣的料理方式以紅燒或清蒸為主。

身體散佈淡藍灰色小斑點

臉部有明顯的藍紫色橫紋

Red 【紅色魚族】

A MARKET GUIDE FOR FISHES & OTHERS

最近市場上普遍出現的「紅條」，學名為*Plectropomus
laligacanthus*，臉上有明顯的藍紫色橫紋，原產於所羅門
群島附近的海域，應是進口的魚類之一。七星斑也有人
稱之為「紅條」，兩種魚在名稱上很容易混為一談。

七星斑的體型為側扁的長橢圓形，口大，下頜較突出而且上頜可向前伸出，頭
的長度約等於體高，口內有很多尖銳的齒。前鰓蓋骨的後緣具有不明顯的細鋸
齒，鱗片為細小的櫛鱗，側線鱗片的孔數約47至54個。身體顏色為橘紅色或紅
褐色，身體散佈著暗色邊緣的淡藍灰色小斑點，幼魚時斑點十分顯眼。背鰭高
度不高，具有硬棘，臀鰭也具有硬棘，尾鰭形狀為圓形，胸鰭形狀寬大，呈橢
圓形，顏色比身體顏色亮，大多呈橘黃色，背鰭後半段軟條部分、尾鰭以及臀
鰭邊緣都鑲有藍色的邊。

67

玳瑁石斑魚　*Epinephelus quoyanus*

■■中文種名：玳瑁石斑魚　　■■別稱：石斑、過魚　　■■外國名：　Long-finned Rockcod

　　玳瑁石斑魚在魚類分類中是屬於鱸亞目（Percoidei），鮨科（Serranidae），石斑魚屬（*Epinephelus*），中文種名為「玳瑁石斑魚」，本種在1830年由Valenciennes所命名發表。

　　玳瑁石斑魚大多分布在台灣的西部沿海與外島周圍的海域，喜歡單獨活動，不喜群居，晚上在岩礁旁活動，白天則會藏於岩縫或岩洞內休息，生性兇猛貪食。石斑通常只有在繁殖期時才會一起活動，具有性轉變的特性，屬於先雌後雄的魚類。為肉食性，常在早晨或傍晚時覓食，以小型魚類及甲殼類為食。

　　玳瑁石斑魚的經濟價值非常高，屬於高級的食用海產魚類，捕抓方式以底拖網、釣獲、夜間潛水捕抓或以魚槍獵殺，玳瑁石斑魚也是釣客最喜愛釣獲的魚種之一。新鮮石斑的料理方式以清蒸或紅燒最能表現出石斑的美味，其他以石斑為食材的有名菜肴，包括沙茶石斑肚、蠔油蔥絲石斑、三杯石斑魚肚、石斑海鮮魚鍋、如意香蔥石斑等。

魚體全身佈滿緊密的紅褐色圓點

鮨科石斑的一種。

▲ 玳瑁石斑魚的體型為側扁的長橢圓形，吻端至背鰭基部略為傾斜且較平直，腹緣較平直，吻端鈍，口大且唇厚，口裂傾斜。鰓蓋後方具有扁棘，身體鱗片屬於細小的櫛鱗，具有完整的側線。背鰭單一且基部長，背鰭前三分之二為硬棘，後三分之一為軟鰭，硬棘部與軟棘部之間無下凹，臀鰭圓，位置位於肛門後方，胸鰭外形呈圓形，尾鰭形狀為截形。魚體全身幾乎佈滿緊密的紅褐色圓點，因斑點十分緊密，而使紅褐斑點之間的底色呈網狀花紋。玳瑁石斑魚易與網紋石斑搞混，因兩者外型及花紋皆十分相似，兩者的差異可由胸鰭看出，玳瑁石斑魚胸鰭的黑斑不明顯甚至看不到黑斑，且胸鰭基部有兩條細紋，而網紋石斑的胸鰭與身體一樣佈滿深色的小圓點。

虎 格 *Helicolenus hilgendorfi*

■ 中文種名：無鰾鮋 ■ 別稱：深海石狗公、紅虎魚 ■ 外國名：Stonefish

虎格在魚類分類上是屬於鮋亞目（Scorpaenoidei），鮋科（Scorpaenidae），無鰾鮋屬（*Helicolenus*），中文種名為「無鰾鮋」，本種在1884年由Doderlein所命名發表。台灣無鰾鮋屬的魚類只有無鰾鮋這一種。

台灣只有北部海域有虎格的分布，屬於底棲性魚類，喜歡單獨棲息於岩礁區，食性為肉食性，常會停在海底靜待獵物經過而加以捕食。

虎格在北部沿海岩礁區十分普遍易見，全年皆可捕獲，捕獲方式以延繩釣以及底拖網為主，也是船釣或磯釣常釣獲的魚種，屬於高級的海鮮，肉質細嫩且味美，肉質又帶有甜味，最適合用來煮魚湯，將虎格的魚肉切塊煮火鍋是最道地的料理方式，此外鹽燒也能表現出虎格的美味。而體型較小的虎格，將內臟清理乾淨後與芥菜、豆腐及鹹蛋一起熬煮，味道鮮美，更有解酒與緩和宿醉的功效。

虎格的下頜與腹緣略為平直，口張開後甚大，口裂微斜，上頜比下頜長些。單一背鰭，背鰭硬棘十分發達，背鰭的硬棘與軟棘的交接處有明顯的落差，尾鰭形狀為截形。其體型為側扁的長橢圓形，頭背緣呈弧形，眼大且兩眼間隔近。

胸鰭外形近於圓形

眼大且兩眼間隔近

虎格的胸鰭外形近於圓形，體色為紅褐色或淡紅色，背部兩側具有不明顯的白色斑紋。

巨首觸角鮋 (*Pontinus macrocephalus*) 亦為鮋科魚類，外形與虎格頗類似。

石狗公仔魚 *Scorpaena izensis*

■ 中文種名：絡鰓鮋、裸胸鮋　　■ 別稱：笠仔魚、紅色石狗公

■ 外國名：Rockfish,Stonefish

　　石狗公在魚類分類上是屬於鮋亞目（Scorpaenoidei），鮋科（Scorpaenidae），本篇介紹的是「絡鰓鮋」，本種是在1904年由Jordan與Stark共同命名發表。

　　台灣四周海域皆有石狗公的分布，而以台灣北部沿海海域的產量較多。石狗公的外形十分像石頭，具有偽裝的功能，在海底可避免被掠食者捕食，也可靜待不知情的獵物經過而加以捕食。喜歡單獨棲息於岩礁區，屬於底棲性魚類，近海沿岸的淺礁區或是較深的海床都可棲息，食性為肉食性，硬棘的基部具毒腺，以底棲生物或是小型魚類為食，繁殖季節約在秋冬，屬於卵胎生魚類。

　　在台灣的市場上常將鮋科的魚類統稱為石狗公，絡鰓鮋是非常常見的一種石狗公魚，其外形正是鮋科魚類的典型代表。石狗公在沿海岩礁區十分普遍易見，全年皆可捕獲，捕獲方式以延繩釣以及底拖網為主，也是船釣或磯釣常釣獲的魚種，春天是釣友在東北角最易釣獲石狗公的季節，不過因其硬棘具有毒腺，因此徒手抓魚時必須特別小心，以免被硬棘刺傷。一般棲息於淺海的石狗公顏色較暗，棲息於深海的石狗公顏色鮮紅，在市場上販賣的石狗公，如果體色鮮紅，兩眼突出，腹部膨大，那大多是深海所捕獲的石狗公，因為捕獲時由於壓力劇減的關係，使魚的眼睛及腹部會膨大或突出。

　　雖然在某些產地石狗公是蠻多的，但牠仍屬於高級的海鮮，肉質細嫩且味美，肉質又帶有甜味，最適合拿來煮魚湯，另外新鮮的石狗公也可做成生魚片食用。

石狗公仔魚的體型為側扁的長橢圓形，單一背鰭，背鰭硬棘十分發達，背鰭的硬棘與軟棘的交接處稍微內凹，胸鰭外型近於圓形，尾鰭形狀為楔形。身體顏色以淡紅色為主，隨著棲息深度的加深，顏色也會跟著深，而腹部顏色為淡黃色，各魚鰭的顏色大多與身體顏色相近。

背鰭的硬棘十分發達

石狗公仔魚的眼大且兩眼間
隔近,口張開後甚大,口裂
微斜,上頜比下頜長些,胸
鰭有明顯的暗色斑點。

眼大

石狗公的營養價值

根據行政院衛生署的營養成分分析,每100克的石狗公含有的成分如下:熱量
80 Kcal,水份81.1克,粗蛋白18.3克,粗脂肪0.2克,灰份1.1克,膽固醇54
毫克,維生素B1 0.08毫克,維生素B6 0.13毫克,維生素B12 0.86毫克,菸鹼
素2.34毫克,鈉毫67克,鉀330毫克,鈣26毫克,鎂30毫克,磷210毫克,鐵
0.2毫克,鋅0.4毫克。

角　魚 *Chelidonichthys kumu*

■中文種名：黑角魚、綠鰭魚　　　■別稱：角仔魚　　　■外國名： Gurnard

　　台灣所稱的「角魚」係指魴鮄科（Triglidae）魚類的統稱，台灣共有7個屬15種的角魚，角魚在魚類分類上是屬於鮋亞目（Scorpaenoidei），魴鮄科（Triglidae），本文介紹的黑角魚屬於較常見的種類之一，台灣使用的中文種名為「黑角魚」，是在1829年由Cuvier所命名發表。

　　角魚喜歡棲息於具有沙泥底質的海域，棲息水深頗深，屬於底棲性魚類，胸鰭基部下方3根看似腳的鰭條可不是用來在海底走路的，角魚利用那幾根特化的鰭條來探索躲藏在沙泥底下的食物，在移動時幾乎是緊貼在海底底層的上方，食性為肉食性，以底棲的無脊椎動物為食。

　　角魚在市場上並不多見，在台灣捕獲角魚的方式以底拖網為主，產量最多的是在東北部，但黑角魚則在澎湖較常見，尤其是在以底拖網漁業為主的港口最常見，在4月至8月間產量最多。角魚的經濟價值差，較少人食用，大多數捕獲的角魚都當成下雜魚處理。

角魚有兩個背鰭，第一背鰭皆由硬棘構成，第二背鰭基部長，而且皆由軟條構成。胸鰭既長且大，撐開時很像長了翅膀，胸鰭的基部具有3條明顯且較粗的鰭條，胸鰭下的鰭條乍看之下好像魚長出了腳，十分特別。

胸鰭內側為深藍綠色

角魚的體型十分特殊且怪異，體型略長，頭部寬大，靠近吻端處略為扁平，頭部堅硬，感覺是由硬板所構成，腹鰭基部長，尾鰭形狀為楔形。體色為紅褐色，胸鰭內側的顏色為深藍綠色。

胸鰭下的鰭條乍看之下好像腳

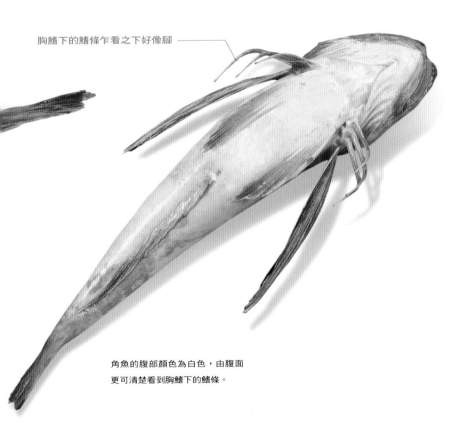

角魚的腹部顏色為白色，由腹面更可清楚看到胸鰭下的鰭條。

赤　鯮 *Dentex tumifrons*

■中文種名：赤鯮、黃牙鯛　　■別稱：赤章

■外國名：Yellowback Seabream(美國加州），Yellow Porgy,Snapper, Dog's Tooth

赤鯮在魚類分類上是屬於鱸亞目（Pe-rcoidei），鯛科（Sparidae），牙鯛屬（*Dentex*），台灣使用的中文種名為「赤鯮」，本種是在1843年由Temminck與Schlegel所共同命名發表。

台灣四周海域皆有赤鯮的分布，喜歡棲息於具有沙泥底質的沿岸海域，屬於中下水層的魚類，夏季在淺水區活動，冬季水溫低，因此大多遷移至較深的海域。食性為肉食性，以小魚、小蝦或底棲生物為食，產卵期約在6至7月以及10至11月，卵為浮性卵。

赤鯮為高經濟價值的魚類，市面上的魚獲來源有野生捕獲以及人工養殖兩種，野生的赤鯮全年都可捕獲，六至七月為其盛產期，捕撈方式以延繩釣或手釣為主。而赤鯮也是鹹水養殖的魚種之一，目前養殖技術純熟，已能穩定的供應魚苗，而且其養殖也十分容易，使赤鯮這種美味的海鮮得以穩定供應市場的需求。赤鯮的料理方式以炭烤、油煎或清蒸為主。

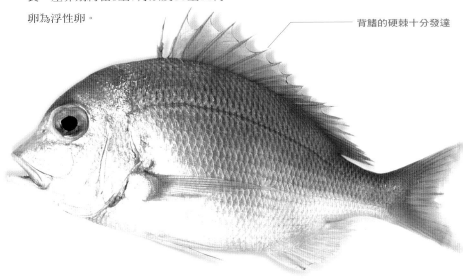

背鰭的硬棘十分發達

體型為側扁的橢圓形，體稍高，背緣隆起為弧形，吻端鈍。身體的鱗片為薄的櫛鱗，背鰭與臀鰭的基部具鱗鞘，側線完整且幾乎與背緣平行。只有一個背鰭，背鰭基部略長且具有硬棘，臀鰭基部短且外形與背鰭後半段相似，胸鰭長，尾鰭形狀為叉形。身體顏色為帶有銀色光澤的紅色，越接近腹部顏色越淡，腹部顏色為白色，背側兩邊各具有3個不顯眼的黃色斑點，胸鰭顏色為黃色，其餘的魚鰭顏色皆為橘紅色。

盤仔魚的體型為側扁的卵圓形，背緣呈圓
弧形，腹緣鈍，略呈弧形，吻端鈍，眼大
。身體覆蓋的鱗片屬於櫛鱗，側線完整，
側線走向呈弧形且在尾柄處會明顯下凹。
單一個背鰭，背鰭的第1及第2硬棘十分短
小，背鰭的第3及第4硬棘延長呈線狀，是
盤仔魚的最大特徵，臀鰭外形與背鰭末端
相似，尾鰭形狀為叉型。

—— 背鰭的硬棘延長呈線狀

盤仔魚 *Evynnis cardinalis*

▓▓中文種名：魬鯛、二長棘犁齒鯛

▓▓外國名：Cardinal Seabream(美國加州), Threadfin Porgy

　　盤仔魚在魚類分類上是屬於鱸亞目
（Percoidei），鯛科（Sparidae），犁
齒鯛屬（*Evynnis*），台灣使用的中文種
名為「魬鯛」，本種在1802年由Lacep
de所命名發表。

　　盤仔魚在台灣主要分布於西部以及北部
的海域，大多棲息於沿海海域，屬於底棲
性魚類，十分喜愛岩礁區周圍的沙泥底質
環境。盤仔魚有季節洄游的習性，每年3
月由南往北移動，約在6月左右到達台灣
北部，7月後再度往南移動，

魚的年齡與水深成正比，一般體型較
大的成魚大多棲息於較深的海域，食
性為肉食性，以小型魚類、甲殼類以
及無脊椎動物為食。

　　台灣全年皆可捕獲盤仔魚，在台灣
捕獲的方式以底拖網及延繩釣為主。
盤仔魚因肉多且肉質細嫩，因此十分
受大眾喜愛，在市場上也是十分常見
的食用海鮮。盤仔魚的料理方式以炭
烤、油煎及清蒸等方式為主。

赤筆的體型為稍側扁的長橢圓形，頭緣與背緣的曲線為平順的弧形，由下頜至
腹部的曲線較平直，眼睛十分靠近頭部上緣，上下頜幾乎等長。身體的鱗片屬
於中大型的櫛鱗，具有完整的側線，側線走向幾乎與背緣平行。單一個背鰭，
背鰭基部長，末端圓鈍，背鰭硬鰭部與軟條部之間無明顯的下凹，背鰭與臀鰭
皆有硬棘，胸鰭長，尾鰭形狀呈微凹的截形。身體顏色皆為紅色。

▼

赤　筆 *Lutjanus malabaricus*

▇中文種名：摩拉吧笛鯛、馬拉巴笛鯛　　▇別稱：赤海

▇外國名： Malabar Red Snapper(美國加州、印尼), Merah(馬來西亞)
　　　　　Scarlet Sea-perch(澳洲、紐西蘭), Ruby Snapper(泰國)

赤筆在魚類分類上是屬於鱸亞目
（Percoidei），笛鯛科（Lutjanidae）
，笛鯛屬（*Lutjanus*），台灣使用的中文
種名為「摩拉吧笛鯛」，本種在1801年
由Bloch 與Schneider所共同命名發表。

赤筆是台灣本土對數種體型相似的笛
鯛科（Lutjanidae）魚類的統稱，本文以
摩拉吧笛鯛為代表。

赤筆在台灣主要分布於西部沿海以及
澎湖周圍海域，喜歡棲息於沿岸海域或是
礁岩區，成魚的棲息水深較深，幼魚大多
在沿岸或沿海海域活動。食性為肉食性，
以底棲生物或小型魚類為食，捕獲的方式
以底拖網為主。赤筆的料理方式以油煎或
紅燒為主。

背鰭的硬棘十分發達

紅　魚
Lutjanus erythropterus

中文種名：赤鰭笛鯛、紅鰭笛鯛

別稱：紅雞仔

外國名：Crimson Snapper,Saddle-tailed Sea-perch,Red Bream,Pink Snapper

紅魚的體型為稍側扁的長橢圓形，背部曲線稍呈弧形，由下頜至腹部的曲線較平直，眼睛十分靠近頭部上緣，上下頜幾乎等長。身體的鱗片屬於中大型的櫛鱗，具有完整的側線，側線走向幾乎與背緣平行。單一個背鰭，背鰭基部長，末端圓鈍，背鰭硬棘部與軟條部之間有下凹，背鰭與臀鰭皆有硬棘，胸鰭長，尾鰭形狀呈叉形。其身體顏色為紅色或粉紅色，而幼魚在尾柄上會有黑色鞍狀斑。

　　紅魚在魚類分類上是屬於鱸亞目（Percoidei），笛鯛科（Lutjanidae）笛鯛屬（*Lutjanus*），本種在1790年由Bloch所命名發表，台灣使用的中文種名為「赤鰭笛鯛」。

　　台灣四周的海域皆有紅魚分布，其中以東部海域較少見，喜歡棲息的環境廣闊，包括岩礁區、沙泥底質的沿海海域、潟湖、內灣，有時甚至會進入鹽分十分低的河口或河川下游，屬於廣溫廣鹽性魚類，對鹽度及溫度的適應力非常好。

　　紅魚是台灣養殖的笛鯛科魚類之一，養殖場大多集中於中南部地區，市場上所見的紅魚也大多是人工養殖的，人工養殖的紅魚不只供應市場的需求，也供給海釣池供人垂釣。目前還是可以購買到野生捕獲的紅魚，野生紅魚的魚獲方式有一支釣、延繩釣等，野生的紅魚也是海釣客最喜歡的目標魚種之一。

　　紅魚在台灣或是整個太平洋沿海的國家來說，都是非常重要的食用魚之一，其肉質鮮美，肉多、細骨少，非常受消費者的喜愛。紅魚的料理方式十分簡便且多變，各種方式皆十分適合，體型較大的魚甚至可以一魚三吃。

金線連魚的體型為側扁的紡錘形，頭部與背緣呈一完整的曲線，吻端鈍圓，眼略大，口裂微微傾斜。覆蓋身體的鱗片屬於櫛鱗，鱗片中大，側線完整且走向呈弧形，側線幾乎與背緣平行。單一個背鰭，背鰭基部長且硬棘部與軟條部之間無下凹，臀鰭外形與軟條部相似，胸鰭及腹鰭略長，尾鰭形狀為叉型，上下尾葉末端尖細，尤其上尾葉的末端延長呈絲狀，此為金線連魚的重要特徵。背部顏色為桃紅色，背部至腹部的顏色逐漸變成銀白色，體側具有兩條明顯的黃色縱帶，另有一條黃色縱帶由下頜經過腹緣至尾鰭基部。背鰭顏色比身體顏色淡些，背鰭上分布不明顯的黃色斑點，尾鰭顏色為粉紅色，尾葉尖端延長處為黃色，胸鰭、腹鰭以及臀鰭的顏色皆為半透明。

上尾葉末端
延長呈絲狀

金線連魚 *Nemipterus bathybius*

■中文種名：底金線魚、深水金線魚　　■別稱：紅海鯽仔

■外國名：Yellowbelly　Threadfin Bream(美國加州),Butterfly-bream(澳洲,紐西蘭),
Yellow Belly,Yellow-bellied Threadfin-bream,Bottom Threadfin Bream

　　金線連魚在魚類分類上是屬於鱸亞目（Percoidei），金線魚科（Nemipteridae），金線魚屬（*Nemipterus*），台灣使用的中文種名為「底金線魚」，本種在1911年由Snyder所命名發表。

　　台灣四周海域皆有金線連魚的分布，北部十分少見，棲息水深頗深，喜歡棲息於具有沙泥底質的海域，因此中國將金線連魚稱之為深水金線魚，有時也可在沿岸的海域發現。食性為肉食性，以較小的魚類或無脊椎動物為食。

　　在台灣全年皆可捕獲金線連魚，捕獲的方式以底拖網及延繩釣為主，魚肉十分細嫩，料理方式以油煎或清蒸的方式最適合。

金線魚的體型呈流線型的紡錘形，體側扁，身體鱗片為大的櫛鱗，腹鰭較長，幾乎達到臀鰭的起點，尾型為深叉型，上下尾葉末端呈尖形，上尾葉延長成絲狀，為金線魚最大特徵之一。金線魚的體側上半部為鮮紅色，包括頭部上方及背部，而越接近腹部顏色會逐漸變淡，腹部的顏色為銀白色，體側上具有數道金黃色的縱帶，也因為這個特徵而有「金線魚」之稱，背鰭、臀鰭以及尾鰭的顏色皆為淡粉紅色。

體側有數道金黃色縱帶

金線魚　*Nemipterus virgatus*

■中文種名：金線魚　　■別稱：金線鰱

外國名：Golden Threadfin Bream(美國加州),Butterfly-bream(澳洲、紐西蘭),
　Cohana dore(法國),Baga dorada(西班牙),Red Coat,Golden Threadfin

金線魚在魚類分類上是屬於鱸亞目（Percoidei），金線魚科（Nemipteridae），金線魚屬（*Nemipterus*），中文種名為「金線魚」，在1782年由Houttuyn所命名發表。金線魚科在台灣最常見的有9種，在市場上全部都被稱為金線魚。

金線魚在台灣除了東部較少以外，其餘海域皆有分布，全年皆可在沿海捕獲。金線魚喜棲息於具有沙泥底質的大陸棚，棲息水深約40至200公尺，食性為肉食性，以底棲生物、甲殼類或小型魚類為

食，5月至6月為金線魚的繁殖期，繁殖期時會結群群游，也因此在這個時期常成群被漁民捕獲。

市場上所見的金線魚都是以底拖網、延繩釣或是釣獲的方式捕獲，其肉質屬於白肉魚，味道清淡，是很大眾化的海鮮魚類，在各地魚市場裡很容易找到，價格也很平價。金線魚的料理方式有油煎、燒烤、醬汁燒烤或清蒸，因肉質較細嫩柔軟，因此處理時需十分小心，另外新鮮的活魚也十分適合做生魚片。

烏尾冬 *Pterocaesio digramma*

■中文種名：雙帶烏尾鮗、雙帶鱗鰭梅鯛

■外國名：Double-lined Fusilier (美國),Fusilier a deux bandes jaunes(法國)

　　烏尾冬在魚類分類上是屬於鱸亞目（Percoidei），笛鯛科（Lutjanidae），鱗鰭梅鯛屬（*Pterocaesio*），台灣使用的中文種名為「雙帶烏尾鮗」，本種在1865年由Bleeker所命名發表。

　　台灣四周海域皆有烏尾冬的分布，主要棲息於岩礁區的陡坡處，或是水深較深的潟湖，白天喜歡群游於中表水層，晚上則在岩礁區底休息，夜晚休息時體色會變成暗紅色。食性為肉食性，主要以浮游動物為食。而其群游的魚群中也常混有其他屬的魚種。

　　台灣捕獲烏尾冬的方式以流刺網及圍網為主，在台灣的料理方式以紅燒或清蒸為主。

尾鰭的上下尾葉末端
皆具有明顯的黑斑

烏尾冬的體型為稍側扁的長紡錘形，口小，眼大且位置十分接近於吻端，吻端略尖。身體的鱗片屬於櫛鱗，側線完整，側線只在尾柄前略為彎曲外，其餘部分皆十分平直。背鰭單一且基部長，臀鰭形狀與背鰭後半部相同，尾鰭形狀為深叉型，尾葉末端尖。身體顏色為淺藍色，背部顏色較深，腹部顏色為粉紅色，體側各具有兩條黃色細縱帶，一條十分接近於背緣，另一條則位於側線下方的位置，尾鰭的上下尾葉末端皆具有明顯的黑斑，各魚鰭的顏色皆為黃色或是淡白色。

紅尾冬仔的體型為側扁的橢圓形,背緣與腹緣皆呈弧形且互相對應,吻端尖,眼大,口小,上下頜約等長。身體的鱗片屬於櫛鱗,鱗片明顯且大,側線完整,側線走向呈弧形。

單一個背鰭,背鰭基部長,硬棘部與軟條部之間無下凹,尾鰭形狀為稍內凹的楔形。體色為赤黃色,腹面顏色較淡且帶有銀光澤,鰓蓋上緣具有紅色斑點,背鰭與尾鰭的顏色為紅色,胸鰭、臀鰭以及腹鰭的顏色為金黃色。

紅尾冬仔 *Parascolopsis eriomma*

■中文種名:紅赤尾冬、寬帶副眶棘鱸　　■別稱:海呆仔、赤海呆仔、紅海鯽仔
■外國名:Rosy Dwarf Monocle Bream,Shimmering Spinecheek

　　紅尾冬仔在魚類分類是屬於鱸亞目(ercoidei),金線魚科(Nemi-pteridae,副眶棘鱸屬(*Parascolopsis*),台灣使用的中文種名為「紅赤尾冬」,本種在1909年由Jordan與Richardson所共同命名發表。

　　台灣中部以南的海域以及東北部皆有紅尾冬仔的分布,屬於獨居魚類,喜歡單獨活動,主要棲息於岩礁區或礁岩區外圍的沙地,食性為肉食性,以小魚或底棲無脊椎動物為食。

　　雖然紅尾冬仔的分布範圍很廣,不過魚獲量不大,並非漁船的主要魚獲物,大多是無意間捕獲,此外釣客在防波堤海釣時也可釣獲,體長可達30公分,屬於中型魚類。紅尾冬仔的料理方式以油煎或煮湯為主。

四齒魚 *Choerodon azurio*

■中文種名：藍豬齒魚　　■別稱：西齒、寒鯛

■外國名：Wrasse,Tuskfish(澳洲,紐西蘭),
Scarbreast Tuskfish,Winter Perch

尾鰭有輻射狀的黃色縱帶

　　四齒魚在魚類分類是屬於隆頭魚亞目（Labroidei），隆頭魚科（Labridae），豬齒魚屬（*Choerodon*），中文種名為「藍豬齒魚」，本種在1901年由Jordan與 Snyder所共同發表命名。

　　台灣四周海域皆有四齒魚分布，其中以北部較多，南部少見且大多生活於較深的海域，主要棲息於岩礁區，同時也是人工魚礁常見的魚種。夜間有睡眠的習性，春季與夏季的交接時期為其產卵期，食性為肉食性，以底棲甲殼類為食。

　　四齒魚的魚肉含水量多且肉質細，料理方式以清蒸或油炸為主，不過在處理四齒魚需特別留意銳利的鰓蓋，以免被割傷。

由胸鰭上方斜向
背鰭基部的黑色斜帶

尾鰭為截形，黑色

　　四齒魚的體型為略為側扁的長橢圓形，頭部短且鈍，眼中大，上頜略比下頜突出，口裂傾斜，口前方有兩對明顯突出的齒，也因為這個特徵而被稱為四齒魚。背鰭單一且基部長，臀鰭外觀與背鰭後半部相同，尾鰭形狀為截形。身體顏色為淡紅褐色，越靠近背部，顏色越深，體側各有兩條顏色不同且相鄰的斜帶，斜帶由胸鰭上方斜向背鰭基部，上方的斜帶顏色為黑色或深褐色，下方的斜帶顏色為白色或粉紅色，幼魚體色為紅褐色且不具有斜帶，斜帶會隨著成長而逐漸明顯。

方形的頭部

馬頭魚的體型側扁，身體偏長，最大的
特徵在於方形的頭部，吻端鈍，從下頜
至腹部較為平直，口部較靠近腹面。背
鰭基部長，尾鰭形狀為雙內凹形。身體
顏色以銀白色為主，也帶有淡淡的粉紅
色，背部顏色為紅色，腹部顏色為白色
，背鰭的高度不高，顏色為粉紅色，中
央有黃色色帶，腹鰭顏色為黃色，尾鰭
具有數條輻射狀的黃色縱帶。

馬頭魚　*Branchiostegus japonicus*

■中文種名：日本方頭魚　　■別稱：馬頭、方頭魚、吧唄、吧口弄

■外國名：Horse-head Fish,Horse Head,Japanese Horsehead Fish

　　馬頭魚在魚類分類上是屬於鱸亞目
（Percoidei），弱棘魚科（Malacan-
thidae）方頭魚屬（*Branchiostegus*），全
世界共有8種，台灣有4種。在台灣較常見
的馬頭魚之中文種名為「日本方頭魚」，
本種在1782年由Houttuyn所命名發表。

　　台灣四周海域皆有馬頭魚的分布，但
南部較少。其棲息的深度較深，大多棲息
於水面下3至200公尺，喜歡具有沙泥底
質的海域或是近海沿岸，食性為肉食性，
以小魚及小蝦為食。

　　台灣捕撈馬頭魚的方式以延繩釣、底
刺網或船釣等方式為主，常切成魚片冷凍

後外銷至其他國家，其中日本方頭魚是較
常見的種類，另外如白馬頭魚、斑鰭馬頭
魚或是銀馬頭魚在台灣都可捕獲，只是數
量比較少。

　　馬頭魚因肉質極細緻，因此非常容易
腐敗，不適合做生魚片，適合的料理方式
包括清蒸、鹽烤、香炸、煮湯、油煎或乾
煎，而清蒸及鹽烤時魚肉味道會較淡，因
此最好以醬烤或是油煎、油炸等方式來處
理。不過煎馬頭魚時一不小心會將魚肉弄
散，因此油煎時火候一定要大，油一定要
熱，才會比較好煎，或是先將魚肉灑些粉
後再煎、炸，也會比較容易處理。

大眼鯛 *Cookeolus japonicus*

■中文種名：日本大眼鯛、日本牛目鯛　　■別稱：紅目鰱

■外國名：Long-finned Bull's Eye,Red Big Eye, Bull's Eye, Deepwater Bull's Eye

大眼鯛在魚類分類上是屬於鱸亞目（Percoidei），大眼鯛科（Priacanthidae），牛目鯛屬（*Cookeolus*），台灣使用的中文種名為「日本大眼鯛」，本種在1829年由Cuvier所命名發表。大眼鯛為大眼鯛科魚類的俗稱，而本文所介紹的日本大眼鯛之體型及外觀均為大眼鯛的典型特徵，在台灣是非常常見的種類，而另一種中文種名為「大眼鯛」（*Priacanthus macracanthus*）的魚也很常見，其體高較低，體型橢圓形，魚的外形感覺較秀氣。

台灣的中南部沿海海域以及東北角都有大眼鯛的分布，東部海域較少見，大多棲息在較深的海域，也常出現在岩礁區或是近海沿岸，為夜行性魚類，有很強的趨光性，常會結群活動，食性為肉食性，以小魚小蝦為食。

在台灣全年皆可捕獲大眼鯛，捕獲的方式以底拖網與深海一支釣為主，另外休閒漁業的船釣也常可釣獲。大眼鯛的肉質纖細，十分適合煮湯，新鮮的大眼鯛以清淡的料理方式最能表現出其美味，另外也可以油煎的方式料理。

大眼鯛的體型為側扁的卵圓形，眼睛十分大，特大的眼睛為本種最主要的特徵，口大，口裂傾斜，口裂幾乎呈垂直。體表由堅硬的櫛鱗所覆蓋，側線完整，側線呈弧形且幾乎與背緣平行。單一個背鰭，背鰭前端部分的鰭條短，後半部逐漸變長，臀鰭的外形與背鰭的後半部相同，位置也是在背鰭的下方，胸鰭小，腹鰭長且大，十分明顯，尾鰭形狀為截形。身體顏色為紅色，腹鰭顏色呈黑色，背鰭、臀鰭以及尾鰭邊緣為黑色。

特大的眼睛

單一背鰭，硬棘部與
軟條部之間有明顯下凹

金鱗魚

Ostichthys kaianus

■中文種名：白線金鱗魚、深海骨鯛

■別稱：金鱗甲魚

■外國名：Deepwater Soldier

　　金鱗魚在魚類分類上是屬於鯛亞目（Holocentroidei），鯛科（Holoc-entridae），骨鯛屬（*Ostichthys*），中文名為「白線金鱗魚」，本種在1880年由Günther所發表命名。

　　金鱗魚這一科魚類在台灣皆有分布，本文介紹的白線金鱗魚主要分布於台的南部與澎湖沿海海域，屬於夜行性類，金鱗魚的大眼睛有助於夜間的活與覓食，白天則躲藏於岩洞或是岩縫休息。其食性為肉食性，大多以浮游物或是軟體動物為食，幼魚行浮游生，隨著成長會逐漸棲息在底層，成魚利用魚鰾發出聲音。

　　金鱗魚的體型為側扁的橢圓形，背緣較高，腹面比背緣平緩，下頜比上頜長，眼大，有較多的外露骨骼。鰓蓋上有明顯的鱗片，魚體的鱗片大且堅硬屬於櫛鱗，具有完整的側線。單一個背鰭，硬棘部與軟條部之間有明顯的下凹，背鰭的硬棘部，鰭條短且堅硬；臀鰭的外形與背鰭的軟條部相同且位置相對應；腹鰭的第一根鰭條為堅硬的硬棘；尾鰭的形狀為深叉形。身體顏色為紅色，各魚鰭的顏色為淡紅色，活魚的體側通常具有明顯的白色細縱帶。

　　金鱗魚在台灣的市場上還算常見，十分容易辨識，因為金鱗魚科的魚類大多擁有比一般魚類還大的眼睛，鱗片大且又厚又硬。另一類也同樣擁有大眼睛的大眼鯛科魚類，不過其鱗片十分的細小，因此可簡單地由鱗片來分辨金鱗魚科與大眼鯛科的魚類，且金鱗魚科魚類的眼睛比例比大眼鯛科魚類來得小。

　　台灣金鱗魚的產量並不多，不是作業漁船的主要魚獲，捕獲方式以延繩釣或底拖網為主。金鱗魚的料理方式以油炸、煮湯、燒烤等方式為主，因其鱗片大多比較堅硬，因此在去除魚鱗時較為麻煩。

背鰭及上尾葉具有深色斜紋

秋姑魚的體型為稍側扁的長紡錘形，吻端鈍，上頜前端較圓，口小且開口朝下。鱗片有圓鱗及櫛鱗，因種類而異，有完整的側線，側線的位置較靠近背部。有兩個完全分離的背鰭，臀鰭位於第二背鰭正下方的位置，尾鰭形狀為深叉型，背鰭及上尾葉具有深色斜紋，下尾葉則為一道暗色寬縱帶。

秋姑魚　*Upeneus japonicus*

■中文種名：日本緋鯉　　■別稱：緋鯉、洋魚、鬚哥、紅魚、紅秋姑

■外國名：　Goatfish,Striped-fin Goatfish,Red Mullet(美國),Meerrrben, Rougets(法國),Salmonetes(西班牙),Biji nangka,Balaki(菲律賓)

在台灣市場所稱的秋姑魚其實包含了數十種鬚鯛科的魚類，所有被稱為「秋姑」的魚類在分類上都屬於鱸亞目（Percoidei），鬚鯛科（Mullidae），在台灣有3屬19種，這19種的俗稱皆為「秋姑仔」。本文以中文種名為「日本緋鯉」的秋姑魚來做介紹。

台灣四周海域皆有秋姑魚的分布，喜歡棲息於沙泥底質的海域，大多有群游的習性，但也有單獨行動者，會利用下頜的觸鬚搜尋躲藏於沙泥底下的食物，食性為肉食性，以沙泥底層的無脊椎動物或小魚為食，也會跟隨其他魚類，以撿食魚游動後或潛沙時所揚起的食物。

台灣所稱的秋姑魚包含許多種類的鬚鯛科魚類，捕撈秋姑魚的方式以底拖網、流刺網或延繩釣為主，全年皆可捕獲。秋姑魚肉味鮮美，料理方式適合紅燒或油煎等，也很適合用來煮味噌湯。

A MARKET GUIDE FOR FISHES & OTHERS

【黃色魚族】

香魚的體型稍側扁且細長，頭部小且吻端尖，上吻端突起，向下彎成鉤形，口大。除頭部以外的魚體全身覆蓋極細的圓鱗，側線呈直線，位於體側中央。背鰭位於身體中央且後方另有一個小脂鰭，小脂鰭位置也蠻靠近尾柄的，剛好與臀鰭後端位置相對，胸鰭狹長，腹鰭小且位置約在背鰭正下方，尾鰭形狀為叉形。身體顏色為橄欖綠，背部顏色較深，腹部為銀白色，所有的魚鰭皆為淡黃色，胸鰭後方有一個黃色斑，但當香魚受驚嚇或死亡後，此色斑的顏色會顯得非常暗淡。

香　魚　*Plecoglossus altivelis*

■中文種名：香魚　　■別稱：年魚、鰷魚、溪鯉　　■外國名：Sweetfish

香魚在魚類分類上屬於胡瓜魚科（Osmeridae），香魚屬（*Plecoglossus*），中文種名為「香魚」，在全世界只有一屬一種，本種在1846年時由Temminck與Schlegel所共同命名發表。

台灣原產的香魚是屬降海型，每年秋冬會順流到河川下游的海灣產卵，產完卵的香魚即會死亡，香魚的生命週期只有一年左右，因此也將香魚稱為「年魚」。魚苗在春季後會隨著成長沿河而上，此為降海型香魚。

台灣早期市面上所見的香魚都需由日本進口，而現在市面上的香魚都是本土養殖的香魚，因繁殖技術十分穩定，可以以穩定的魚苗供養殖業者飼養。香魚因為脊上有一條香脂的構造而有特殊的香味，因而在國際市場上享有「淡水魚之王」之美譽，在台灣也有「溪流之王」之稱。香魚的肉質非常鮮美，加上其特殊的香味更是大大吸引了喜愛河海鮮的老饕們；香魚的料理方式常見的有炸香魚、烤香魚，其中鹽烤香魚是日本人最喜愛的方式，其他如清燉或煮湯都十分美味，不過還是以油炸為最道地的料理法。

小脂鰭

體側有橘黃色
不規則斑紋

玉筋魚的體型細長，身體切面為橢圓形，吻端尖，口大，下頜比上頜長。側線完整，側線十分靠近背緣。身體的鱗片屬於小圓鱗，頭部不具鱗片，體側具有斜的皮摺。背鰭單一且基部長，不具硬棘，也沒有腹鰭，臀鰭基部長，尾鰭形狀為叉型。身體顏色為淡黃綠色，背部灰黑色，腹部為白色，體側具有橘黃色不規則的斑紋。

玉筋魚 *Ammodytes personatus*

■中文種名：太平洋玉筋魚　　■別稱：面條魚　　■外國名： Pacific Sandlance

　　玉筋魚在魚類分類上是屬於鱸形目（Perciformes），龍䲁亞目（Trahinoidei），玉筋魚科（Ammodytidae），玉筋魚屬（*Ammodytes*），中文種名為「太平洋玉筋魚」，本種是在1856年由Girard所命名發表。

　　台灣沒有玉筋魚，市面上看到的玉筋魚均為進口的食用海鮮，其體型雖小，但肉質鮮美細嫩。玉筋魚主要分布於中國大陸沿海，另外在朝鮮與日本也有分布，屬於沿海的中上層小型魚類，食性為肉食性，常以浮游動物為食。

黃雞仔魚
Parapristipoma trilineatum

███中文種名：三線雞魚

███別稱： 黃雞仔、雞仔魚、
　　番仔加誌、黃公仔魚、三爪仔

███外國名： Chicken Grunt,
　　Striped Pigfish,Striped Grunt

黃雞仔魚有單一背鰭，背鰭基部長，前半部皆為硬棘，後半部為軟鰭條，臀鰭小且外形與背鰭的鰭條相似，胸鰭長，尾鰭形狀為叉形。魚體背部顏色呈綠褐色，腹部顏色為白色，胸鰭及背鰭、臀鰭均為黃色。魚體兩側具有三條黃褐色的縱帶，此三條縱帶在幼魚期尤其明顯，不過魚死後此縱帶會逐漸消失，而成為一片黃色區域。其體型為側扁形，背緣曲線呈弧形，吻端鈍尖，眼大，上下頜約等長。身體的鱗片屬於櫛鱗，背鰭以及臀鰭的基部皆具有鱗鞘，有完整的側線。

黃雞仔魚在魚類分類上是屬於鱸亞目（Percoidei），仿石鱸科（Haemulidae），磯鱸屬（*Parapristipoma*），中文種名為「三線雞魚」，本種是在1826年由Risso所命名發表。

台灣四周海域皆有黃雞仔魚的分布，常活動於近海海域以及岩礁區，有群游及洄游的習性，常在水深約5至50公尺之間的水域活動，幼魚期喜歡棲息在河口或是河川下游河段等鹽分較淡的水域。黃雞仔魚雖是屬於中底層的魚類，但在夜晚也常游至水面。黃雞仔魚有性轉變的特性，屬於先雌後雄型，體長在10公以下者為雌魚，隨著成長會逐漸變性成為雄魚，產卵期6月至8月，食性為肉食性。

在台灣全年皆可捕獲野生的黃雞仔魚，其中以夏季產量最多，捕獲的方式是以流刺網或手釣捕獲，也是船釣時常釣獲的魚種之一，此時所捕獲的黃雞仔魚也是最美味的。雖然黃雞仔魚可長到30公分長，但台灣市場上所販賣的大多是18公分左右的魚，而在日本則大多食用將近30公分的成魚。黃雞仔魚不只是美味的食用魚，其營養成分也是頗豐富的。黃雞仔魚適合以各種方式料理，如鹽烤、燉煮、清蒸均可，甚至也可做生魚片，黃雞仔魚的魚卵在日本被當成上等料理的食材。

紅海鯽仔有單一個背鰭，背鰭的基部長，硬棘部與軟條部之間無下凹，臀鰭都是硬棘，腹鰭介於胸鰭與臀鰭之間，比較靠近臀鰭，尾鰭形狀為內凹形。

白色寬帶

紅海鯽仔的體型為側扁的橢圓形，腹緣呈弧形，吻端至背鰭起點之間的頭緣幾乎平直，眼略大，吻端鈍，上下頜約等長。身體的鱗片屬於櫛鱗，鱗片明顯且大，側線完整，側線走向呈弧形。身體顏色為黃褐色，頸部具有一條白色粗橫帶，上窄下寬，位於眼睛後方，並經過鰓蓋，此白色寬帶為紅海鯽仔的重要特徵，但魚死後會變得比較不明顯。所有的魚鰭顏色皆為橘黃色。

紅海鯽仔 *Scolopsis vosmeri*

■中文種名：白頸赤尾冬、伏氏眶棘鱸　　■別稱：赤尾冬仔

■外國名： Whitecheek Monocle Bream(美國加州、泰國),Silverflash Spinecheek

　　紅海鯽仔在魚類分類上是屬於鱸亞目（Percoidei），金線魚科（Nemiteridae），眶棘鱸屬（Scolopsis），台灣使用的的中文種名為「白頸赤尾冬」，本種在1792年由Bloch所命名。

　　台灣四周的海域皆有紅海鯽仔的分布，屬於獨居魚類，喜歡單獨活動，主要棲息於岩礁區或礁岩區外圍的沙地，肉食性，以小魚或底棲無脊椎動物為食。

　　雖然紅海鯽仔的分布範圍很廣，但因魚獲量不大，並非漁船的主要魚獲物，大多是無意間捕獲，此外釣客在防波堤海釣時也可釣獲。紅海鯽仔的體長可達30公分，屬於中型魚類，料理的方式以油煎或煮湯為主。

黃　魚 *Larimichthys polyactis*

■中文種名：小黃魚　　■別稱：黃瓜、黃花魚

■外國名： Large Yellow Croaker (美國加州),Croceine Croaker,Jewfish

黃魚在分類上屬鱸亞目（Percoidei），石首魚科（Sciaenidae），黃魚屬（*Larimichthys*），中文種名為「小黃魚」，本種在1877年由Bleeker所命名發表。

黃魚盛產於西北太平洋，可說是中國沿海的主要魚種，分布範圍包括南海、東海以及黃海的南部，在台灣沿海較少見，西部沿海偶爾會有，而馬祖沿海則比較常見，曾是馬祖當地最有名氣的魚類之一。黃魚主要棲息於具有沙泥底質的內灣或沿岸，屬於中下層的魚類，喜愛混濁的水質，也因此不喜歡強光，白天大多在底層活動，晚上或光線較弱的早晨或黃昏才會浮至上層活動。黃魚食性為肉食性，以甲殼類及小型魚類為食，繁殖季節時會群游至沿岸或河口處，黃魚的鰾有發聲的功能，在繁殖季節時經常發出聲音。

黃魚盛產於中國大陸沿海，在台灣除馬祖外很少見，中國已有黃魚的養殖，但養殖數量很少，目前還在試養階段，因此還無法依靠人工養殖的方式來供應市場的需求。馬祖一年四季都可捕獲黃魚，而以農曆春節前後的數量較多而且黃魚也比較肥美。黃魚的捕抓方法以底拖網以及底刺網為主。

一般在菊花盛開時也差不多是黃魚產季，也因此而有「菊花開黃魚來」之，這也是「黃魚」的名稱由來。黃魚的質細緻，其料理方式以炸、煮、蒸皆非適合，而常見的料理包括梅汁黃魚、紅黃魚、糖醋黃魚等，而將黃魚以蒜頭爆再油炸的大蒜黃魚也是一道很受歡迎的食。

黃魚的體型為側扁的長方形，頭形偏圓，吻端鈍不突出，尾柄細長，上下頜等長。頭部鱗片幾乎都是圓鱗，而身體靠近頭部的部分也是圓鱗，其他部分的鱗片則為櫛鱗。腹鰭基部位於胸鰭基部下方，胸鰭寬度窄且長，背鰭的硬棘及軟條處具深凹，尾鰭形狀為楔形。

黃魚的身體上半部顏色為紫褐色，下半部為金黃色，腹部另具有多列橙黃色的發光顆粒，背鰭以及尾鰭的顏色皆為淺黃褐色，其餘胸鰭、腹鰭以及臀鰭的顏色為黃色。

黃色的臀鰭

黃魚的營養價值

根據行政院衛生署的營養成分分析，每100克重的黃魚所含的成分如下：熱量100Kcal，水分78克，粗蛋白19.4克，粗脂肪1.9克，灰份1.2克，膽固醇62.8毫克，維生素B1 0.06毫克，維生素B2 0.09毫克，維生素B6 0.24毫克，維生素B122.57毫克，菸鹼素2.22毫克，維生素C 2.28毫克，鈉76.4毫克，鉀317毫克，鈣6毫克，鎂30毫克，磷268毫克，鐵1毫克，鋅0.4毫克。

藍點鸚歌魚 *Scarus ghobban*

■■中文種名：藍點鸚哥魚、青點鸚嘴魚　　■別稱： 青衣

■外國名：Yellow Scale Parrot Fish, Blue-barred Parrotfish, Blue Trim Parrotfish, Green Blotched Parrotfish

　　藍點鸚歌魚在魚類分類上是屬於隆頭魚亞目（Labroidei），鸚哥魚科（Scaridae），鸚哥魚屬（*Scarus*），台灣使用的中文種名為「藍點鸚哥魚」，本種在1775年由Forsskål所命名發表。全世界的鸚哥魚共有11屬80餘種，台灣擁有6屬26種。

　　台灣四周海域皆有藍點鸚歌魚的分布，主要棲息於淺海珊瑚礁外緣的海域或岩礁地區，如同隆頭魚一般，夜間會躲藏於岩洞中睡覺或潛藏沙中，並會分泌黏液包住身體或將洞口封住，白天則獨自穿梭於珊瑚礁或岩礁間覓食。食性為肉食性，以珊瑚及一些無脊椎動物為其主食，由其嘴部及齒板的構造可清楚了解藍點鸚歌魚的食性。

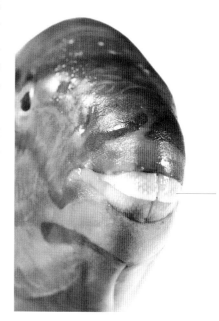

　　藍點鸚歌魚為台灣很受歡迎的海產食用魚之一，以南部、東南部以及離島較多，而北部多集中於岩礁區或珊瑚礁區內，因其肉質鮮美且為高價的海鮮魚類，所以深受釣客的喜愛，在台灣捕獲的方式除釣獲外，其他漁獲方式尚有拖網、流刺網及延繩釣，不過因鸚歌魚喜單獨活動，因此每次下網捕獲的數量都不多。在台灣的料理方式以紅燒、清蒸或是煮魚湯為主。

臉部有數條不規則的藍色花紋

特化的嘴形與
其覓食習性有關

點鸚歌魚的體型呈略側扁的橢圓形，
最大的特徵為特化的嘴形，臉部有數
不規則的藍色花紋，尾鰭形狀為雙凹
。鱗片外緣為藍綠色，體側具有數條
規則橫藍色斑，雄魚的體色為橘黃色
尾鰭上下緣皆為藍色。

藍點鸚歌魚的齒板
顏色為淡黃色。

鸚歌魚的上下頜齒均癒合成板狀，
形十分類似鸚鵡的嘴。

藍點鸚歌魚的口小，
既圓且鈍又不能伸縮，十分堅硬。

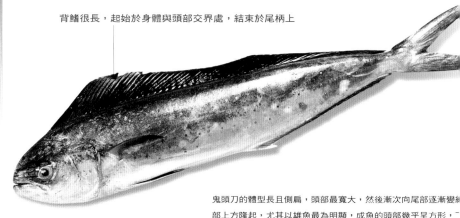

背鰭很長，起始於身體與頭部交界處，結束於尾柄上

鬼頭刀的體型長且側扁，頭部最寬大，然後漸次向尾部逐漸變細，頭部上方隆起，尤其以雄魚最為明顯，成魚的頭部幾乎呈方形，下頜較上頜突出些。身體的鱗片為細小的圓鱗，具有完整的側線，胸鰭上方的側線較凌亂不規則。背鰭很長，起始於身體與頭部交界處，結束於尾柄上，胸鰭小且形如鐮刀，尾鰭形狀為明顯的深叉形，尾葉為尖形。身體顏色為綠褐色或鮮黃色，腹部為帶有點淡黃色的澤白色，體側有綠色的小點散佈，背鰭顏色為紫青色，尾鰭為銀灰色。

鬼頭刀魚
Coryphaena hippurus

■中文種名：鬼頭刀、鱪鰍　　■別稱： 萬魚、飛烏虎、鱰魚

■外國名： Common Dolphin Fish(世界農糧組織、美國加州、香港、澳洲、紐西蘭、南非),
Coryphene commune(法國),Lampuga (西班牙),Dorado (西班牙、智利)

　　鬼頭刀在魚類分類上屬於鱸亞目，鬼頭刀科（Coryphaenidae），鬼頭刀屬（*Coryphaena*），台灣使用的中文種名為「鬼頭刀」，本種在1758年時由Linnaeus所命名發表。鬼頭刀科在全世界只有1個屬2種魚種。

　　台灣四周海域或外海都有鬼頭刀的分布，但以東部海域的產量較多，屬於大洋性洄游魚類，常成群群游於外洋的表水層，在岩岸的海岸偶爾也可發現，喜歡棲息於陰影下，如浮木或浮藻底下。食性為肉食性，以飛魚或沙丁魚之類的表層魚類為食，常因為追逐捕食而跳出水面。鬼頭刀也會隨著暖流的路徑而遷移。

　　鬼頭刀是台灣海域產量相當大的魚類之一，也是近海漁業重要的魚種，南部及東部以5月產量最大，北部則由10月末至翌年2月中旬產量較大，捕抓的方式以延繩釣、流刺網及定置網為主，也常是船釣客經常釣獲的魚種之一。

　　鬼頭刀在台灣的產量非常高，幾乎可說是加工類的大宗，其魚肉可製成其他的魚產品，最常被加工為鹽漬魚、魚丸、魚鬆及魚排等，而新鮮的鬼頭刀也可做成生魚片，其他以鬼頭刀為食材所做成的料理包括有香酥鴛鴦條、麻辣魚塊、檸檬魚片、糖醋鬼頭刀、味噌鬼頭刀等。

Brown

A MARKET GUIDE FOR FISHES & OTHERS

【褐色魚族】

黃 鱔 *Monopterus albus*

■■中文種名：黃鱔、鱔魚　　■■別稱： 鱔魚

■■外國名： Rice Swamp Eel,Rice Paddy Eel,Rice Eel,Swamp Eel

　　黃鱔在魚類分類上是屬於合鰓魚科（Synbranchidae），黃鱔屬（Monopterus），台灣使用的中文種名為「黃鱔」，本種是在1793年由Zuiew所命名。

　　黃鱔在全世界只分布於亞洲國家，在台灣各地皆有分布，體型較大的黃鱔大多棲息於河川或池塘中，較小型的則棲息於水田或田溝裡。黃鱔喜歡棲息於水質較污濁且具有泥質底質的環境，具有挖洞作為棲息巢的習性，所掘的洞穴通常有兩個以上的出口，而其中一個出口一定會高於水面，做為呼吸或躲避敵害之用。黃鱔為肉食性，性貪食，白天大多躲於所掘的棲巢中很少出現，大多利用晚上活動及覓食，屬於夜行性魚類，其食物來源大多是小魚、小蝦以及昆蟲，只要是體型較小的動物皆可攝食。黃鱔有性轉變的特性，46公分以上皆為雄魚，28公分以下為雌魚，而28至46公分之間者為雌雄同體，每年5月至9月為繁殖期，會在所掘的通道內另築一個較大的產卵室，卵便產於此室中，而雄魚會在孔道內保護這些受精卵。

　　目前台灣河川污染嚴重以及天然棲地的破壞，使野生的黃鱔越來越少，已經很難在野外捕獲體型大的黃鱔了，而黃鱔自古就是中國人喜愛的魚類之一，加上有滋補的功效，因此市場需求量很大。幸好人工繁養殖技術的確立，使養殖的黃鱔已足以穩定供應市場需求，市面上的黃鱔都是人工養殖的，養殖黃鱔大多集中在中南部，以南部最多。

　　黃鱔對中國人來說大多用來「補身」，依據民間的說法：鱔性甘溫，具有活血補血之效，對風濕痛有輕微的療效，因此台灣民眾最常以藥燉的方式來料理鱔魚大多用來補身。黃鱔的肉質細嫩，無分叉的刺骨，因此除了藥燉外，其他料理方式還有烤鱔魚、炒鱔魚或是鱔魚麵，其中鱔魚麵是台南非常著名的小吃。

鱔的體型為長筒形，不具胸鰭及腹鰭，
鰭與臀鰭皆已退化成與尾鰭相連的皮褶
身體沒有鱗片。身體顏色為黃褐色且具
不規則的黑斑，腹部顏色為淡褐色。黃
的最大體長可達80公分，重達1.5公斤
以 25至40公分長的黃鱔最為常見。

🔍 放大看特徵

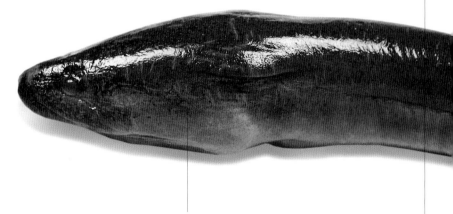

黃鱔的頭部比例大，頰部膨大，鰓裂位於腹側。

🔍 放大看特徵

土龍的體型為延長的圓筒形，身體不具
有鱗片，因此身體表面十分光滑，側線
不明顯。背鰭與臀鰭基部長，但很不明
顯，胸鰭發達，外形呈扇形。身體顏色
為黃褐色，越靠近腹部顏色越淡，而腹
面顏色為白色，背鰭以及臀鰭的鰭緣為
黑褐色，胸鰭顏色為淺灰色。

土龍的頭部為鈍錐形，
吻端鈍，上顎比下顎突出。

土龍　*Pisodonophis boro*

■中文種名：波路荳齒蛇鰻、雜食豆齒鰻　　■外國名：Snake Eel,Estuary Snake-e

　　土龍在魚類分類上是屬於康吉鰻亞目（Congroidei），蛇鰻科（Ophich-thidae），豆齒鰻屬（*Pisodonophis*），台灣使用的中文種名為「波路荳齒蛇鰻」，本種在1822年由Hamilton所命名。

　　土龍分布於台灣西部以及南部的沙泥質沿岸及河口，幾乎只棲息於有沙泥底質的潮間帶或河口，為底棲性夜行性魚類，具有挖洞築穴的習性，平時藏匿於所掘的洞穴中。食性為肉食性，以捕食魚類或甲殼類為食。

　　土龍在中國歷史上有很多的傳說，『稗官野史』中記載隋煬帝得知土龍為男性聖品後，曾令太醫以中藥浸酒泡製，也將土龍研製成藥粉，作為宮中滋陰補腎的最佳聖品。土龍的傳說大多強調其具有強身壯陽的功效，甚為誇大不實。但也因為這些以訛傳訛的說法，使土

龍在台灣民間可說是家喻戶曉的滋補聖品，不過台灣本土野生的土龍產量十分少，幾乎已經到一龍難求的地步。土龍的捕抓方式只能依靠有經驗的漁民在退潮時在潮間帶徒手捕抓，退潮後土龍都躲藏於砂泥底下，必須依靠累積的經驗才能夠判定土龍的藏身之處，因此魚獲量十分少。目前台灣是由中國大陸或其他國家進口土龍，其價格比台灣本土野生的土龍便宜許多，但很多人還是深信進口的土龍療效比本土產的要差很多，因此雖然進口的土龍十分便宜，而本土產的野生土龍雖然昂貴無比，但還是有強烈的需求。

　　台灣對土龍的第一印象就是「非常補」三個字，因此市面上料理土龍都做成藥燉的方式，另外也有不少民間的配方將土龍製成「土龍藥酒」。

身體佈滿黑褐色小點

泥鰍的體型在臀鰭以前的部分是圓筒形,臀鰭以後就變成側扁。腹部圓,背部曲線平直,頭部小且近似圓錐形,口呈馬蹄形且開口向下,口的周圍共有5對鬚。尾柄與尾鰭以隆起的皮質相連,身體的鱗片為細小的圓鱗,頭部不具鱗片,側線不是很明顯。魚鰭皆不具硬棘,背鰭較圓,位於身體約中央偏後方的位置,腹鰭位於背鰭正下方的位置,臀鰭為半圓形,位於肛門後方,胸鰭為圓形,位置靠近腹部,尾鰭形狀為圓形。

尼鰍 *Misgurnus anguillicaudatus*

■中文種名:泥鰍　　■別稱: 土鰍、雨溜、魚溜
■外國名:Oriental Weatherfish,Loach(美國加州)

　　泥鰍在魚類分類是屬於鰍科(Cobidae),泥鰍屬(*Misgurnus*),中文種名為「泥鰍」,本種在1842年時由antor所命名發表。

　　泥鰍在台灣各地淡水水域皆有分布,常棲息於水田、具有泥質底質的溝渠或池塘,而以具有淤泥的靜水水域或緩慢的流水水域較多,有潛入泥底的習性。泥鰍除了利用鰓呼吸外,還可利用腸道以及皮膚來進行呼吸作用,因此常在水面可見泥鰍迅速的在水面吸一口氣,然後又迅速下潛,因此可以躲藏於只有微濕的淤泥當中。泥鰍的食性為雜食性,食物種類繁多,如浮游生物、淡水小蝦、昆蟲幼蟲、藻類或泥土裡的有機物,每年的4月至8月為泥鰍的繁殖季節。

　　泥鰍在台灣早期的社會是很常見的淡水魚,也與台灣的本土文化密不可分,由很多諺語即可看出泥鰍與台灣本土文化的關係,例如:「三月死泥鰍,六月風拍稻」,這是與氣象有關的諺語;而關於泥鰍的俗語也很多,例如:「泥鰍懷肚,個人尋路」、「既做泥鰍,不怕挖眼」,另外在台灣本土的囝仔歌裡,也有很多以泥鰍為題材的歌曲。

　　泥鰍從早期到現在的料理方式大多用藥燉的方式,多用來補身用,尤其是長輩時常會燉泥鰍給正在發育的小朋友吃,泥鰍還可以用來煮湯或做成三杯泥鰍。因為現在野生泥鰍十分少見,所以很多親子活動或是休閒農場都會舉辦抓泥鰍的活動,讓住在都市的小孩體驗在泥堆裡抓泥鰍的樂趣,也讓家長重拾小時候在田裡或池塘裡抓泥鰍的童年記憶。

塘虱魚 *Clarias fuscus*

■中文種名：鬚子鯰　　■別稱：土殺、塘虱

■外國名： Walking Catfish,White-spotted Freshwater Catfish

塘虱魚在魚類分類上是屬於鬚鯰科（Clariidae），鬚鯰屬（*Clarias*），中文種名為「鬚子鯰」，本種於1803年時由Lacepède所命名發表。

塘虱魚盛產於台灣、東南亞及中國大陸，台灣各地皆有分布，但以西部河川下游最多，塘虱魚為溫水性魚類，喜歡棲息於河川的中下游、水塘、溝渠等具泥質底質的環境中，特別喜歡躲藏於陰暗處，具有群棲的習性。食性為肉食性，性貪食，常以小魚、小蝦以及小昆蟲為食，屬於夜行性魚類，白天多棲息於水底或藏於洞穴中，利用晚上活動或覓食。3月至9月為塘虱魚的繁殖期，通常雄魚的體型較小，築巢以及照顧後代由雄魚負責。

因為環境污染嚴重及棲地的破壞，台灣野生的塘虱魚已經十分少見，目前市面上的塘虱魚皆是由人工養殖，台灣養殖塘虱魚幾乎集中於南部，如高雄、台南以及屏東等地，因繁殖技術的發展，使繁殖場能夠提供穩定健康的塘虱魚苗供養殖戶放養，養殖戶從放苗後約飼養14個月後即可出售。目前台灣所放養的塘虱魚大多是泰國塘虱魚（*Clarias betra*），因其成長迅速、體型大、無掘洞的習性等諸多優點，因此深受養殖業者的喜愛。

塘虱魚含有豐富的鐵、鋅及鈷等人類必須攝取的微量元素，除對貧血有改善的功效外，還可以促進兒童的發育以及預防老人便秘等。正因為具有補身的效用，加上其肉質細嫩且肉多細刺少，當然深受大家的喜愛，也常可在夜市看到一攤又一攤的藥燉塘虱魚。塘虱魚最道地的料理方式還是以藥燉最美味，燉塘虱魚的方式會因其他配料的不同而有不同的名稱及功效，如：「杞子紅棗塘虱魚湯」具有養血調經及補腎與健脾的功效，或是「烏豆煲塘虱」對消除疲勞有很大的助益。

塘虱魚的營養價值

根據行政院衛生署的營養成分分析，每100公克重的塘虱魚所含的成分如下：熱量194Kcal，水分68.9克，粗蛋白16.3克，粗脂肪13.8克，灰份1.0克，膽固醇86毫克，維生素B2 0.22毫克，維生素B6 0.20毫克，維生素B12 2.37毫克，菸鹼素3.20毫克，維生素C 0.4毫克，鈉37毫克，鉀380毫克，鈣4毫克，鎂27毫克，磷220毫克，鐵1.1毫克，鋅0.8毫克。

塘虱魚的頭部平斜，呈上下扁平狀，後半部的體型為長形且側扁，吻寬且短，前鼻孔為短管狀而後鼻口則為裂縫狀，上頜比下頜突出，口周圍具有四對鬚，較短的鼻鬚一對與頦鬚一對，較長的上下頜鬚也各一對。體表為不具鱗片的皮膚，皮膚多黏液且光滑，具有完整平直的側線。背鰭基部長且與尾鰭分開，臀鰭外形與背鰭一樣，而且同樣不與尾鰭相連接，尾鰭小且呈圓形，胸鰭小且具有一根內緣為鋸齒狀的粗硬棘。塘虱魚的身體顏色為黃褐色或者是灰黑色，腹部顏色為灰白色，塘虱魚的體側不具有斑塊。

口周圍具有四對鬚

白鰻 *Anguilla japonica*

■中文種名：日本鰻、日本鰻鱺　　■別稱： 鰻魚

■外國名：Japanese Eel(世界農糧組織), Anguilla du japon(法國),
Anguila japonesa(西班牙), Freshwater Eel

　　白鰻在魚類分類上是屬於鰻鱺亞目，鰻鱺科（Anguillidae），鰻鱺屬（*Anguilla*），台灣使用的中文種名為「日本鰻」，在1846年由Temminck與Schlegel所共同命名發表。

　　台灣四周海域皆有白鰻的分布，屬降海性洄游魚類，每年入秋之際產卵，孵化後的鰻線順黑潮海流北上，到達台灣、日本東岸之河口溯河而上，只要環境條件合宜，就大量聚集，形成鰻苗汛期。食性為肉食性，以魚蝦和底棲性動物為食。

　　野生白鰻已不多見，市場上所見之白鰻皆是由捕撈之鰻線養殖而成的，也是台灣外銷的主要魚種。鄰國日本喜好食用白鰻，但因氣候條件不及台灣，因此台灣一躍而成為亞洲地區的主要鰻魚供應國。

　　白鰻的肉與肝中的蛋白質及維生素含量均高，脂肪則較黃鱔豐厚，可說是貴族魚種之一。白鰻入口溫潤，細緻又不失彈性，確屬魚之上品。白鰻適合煮湯、紅燒，目前以加工製作之「蒲燒鰻」廣受消費者的喜愛。枸杞鰻也是常見的冬季補品，只要將切段的白鰻和中藥材一起放入燉鍋中，加入少許米酒和鹽燉煮即可。

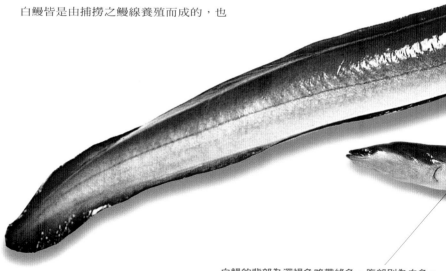

白鰻的背部為深褐色略帶綠色，腹部則為白色。

放大看特徵

白鰻的頭部呈鈍錐形，無鰓蓋，
鰓僅由鰓口與外界相通，下頜比上頜長。

白鰻的體型呈細長的圓筒狀，外觀呈蛇狀，尾部側扁，
鱗片細小，藏於皮下。背鰭基部長，且延伸至尾部與尾
鰭互相連接，臀鰭與背鰭相同，也與尾鰭相連接，無腹
鰭，胸鰭圓，體表沒有任何花紋。

錢　鰻

■別稱：薯鰻、虎鰻　　■外國名： Moray Eel

　　錢鰻是台灣民間對海鱔科魚類的統稱，在台灣所統稱的錢鰻在魚類分類學上是屬於鰻鱺目（Anguilliformes），海鱔亞目（Muraenoidei），海鱔科（Muraenidae），在台灣周圍海域約有10個屬48種的錢鰻，而較常被食用的錢鰻大多是屬於裸胸鯙屬（Gymnothorax）。

　　台灣四周的海域幾乎都有錢鰻的分布，尤其以岩礁區的海域最多，少數種類棲息在沙泥底質的海底，白天幾乎都是躲藏在岩洞中，只有吻端或頭部會露出洞口，大部分的錢鰻很少會離開躲藏的洞穴，為夜行性魚類，因此幾乎只在晚上才會離開洞穴外出覓食。食性為肉食性，某些種類生性兇猛，甚至會攻擊潛水員，而有些種類則十分溫馴，還會認得經常前來探望的潛水員。錢鰻具有性轉變的特性，先雌後雄或是先雄後雌都有，因錢鰻的種類而異，有些種類體色轉變與性別有極大關係。

　　在台灣市面上的錢鰻皆是野生捕獲的，捕獲的方式以延繩釣或籠具誘捕等方式為主，在漁港的魚市場中常以活體的方式出售，將錢鰻裝在塑膠網袋中等待出售。

　　錢鰻的料理以三杯的方式為主，其他以錢鰻為食材的料理尚有鐵板錢鰻、糖醋錢鰻等。

網紋裸胸鯙（Gymnothorax pseudothyrsoideus）的體型呈蛇狀，表皮光滑，體色從黃褐色到黑褐色都有，身上布滿塊狀或樹枝狀的斑紋。

▼

大多數的錢鰻具有背鰭且基部長，背鰭、臀鰭以及尾鰭是連接在一起的。

放大看特徵

多數的錢鰻頭部通常較肥大，尤
兩頰膨大，上頜比下頜凸出些，
短鈍，口內可見明顯的齒。

長鯙（*Strophidon sathete*）是一種常見的錢鰻，體型為長圓筒
型，靠近尾部逐漸側扁，不具有胸鰭與腹鰭，皮膚光滑不具有
鱗片。體色為紅褐色，背鰭、臀鰭以及尾鰭的邊緣均為黑色。

▼

琵琶鱝 *Rhinobatos schlegeli*

■中文種名：薛氏琵琶鱝、許氏犁頭鯊　　■別稱： 飯匙鯊、魟仔

■外國名： Guitarfish (美國加州),Brown Guitarfish,

Broad-snouted Ray(澳洲、紐西蘭)

　　琵琶鱝在魚類分類上是屬於鰩亞目（Rajoidei）琵琶鱝科（Rhinobatidae），琵琶鱝屬（*Rhinobatos*），台灣使用的中文種名為「薛氏琵琶鱝」，本種在1841年由Muller與Henle共同發表命名。台灣市場上所指的琵琶鱝大多是指薛氏琵琶鱝（*Rhinobatos schlegelii*）或是台灣琵琶鱝（*Rhinobatos formosensis*）。

　　台灣西部海域以及北部的周圍海域皆有琵琶鱝的分布，喜歡棲息於具有沙泥質的平坦海底，屬於底棲性卵胎生魚類

　　食性為肉食性，以小魚或甲殼類為。琵琶鱝在台灣並非漁船主要的魚獲物夏天為主要的產季，常可在底拖網中捕，雖在一般的市場不多見，但在漁港的場比較常見。新鮮的魚可以做成生魚片也可以紅燒方式料理，也可切塊以三杯方式料理。

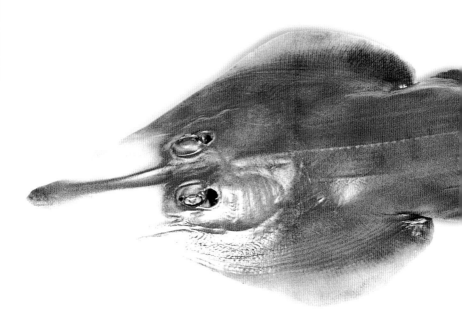

琵琶鱝的吻端尖且略為突出，雙眼位於背面，覆蓋身體的鱗片為細小的盾鱗。

眼睛前方的吻部中線兩旁的顏色呈半透明狀

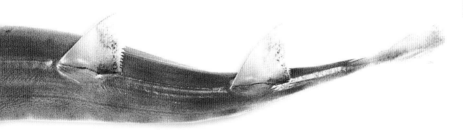

琵琶鱝的體型呈扁平狀，尾柄長，腹面扁平具有鰓列，功能與魚類的鰓相同，口部也位於腹面。胸鰭狹小，後緣圓鈍，具有兩個背鰭，第一背鰭與第二背鰭的大小及外觀形狀皆相同，背鰭位於尾柄上，第二背鰭十分接近尾鰭。身體的顏色為褐色，眼睛前方的吻部中線兩旁的顏色呈半透明狀，腹面顏色為淡白色。

中國黃點鮜 *Platyrhina sinensis*

■中文種名：中國黃點鮜、中國團扇鰩　　■別稱：魟魚　　■外國名：Thornback

中國黃點鮜在魚類分類上是屬於鰩亞目（Rajoidei），琵琶鱝科（Rhinobatidae），扁鰭溪鱧屬（*Platyrhina*），中文種名為「中國黃點鮜」，本種在1801年由Bloch與Schneider所共同命名發表。中國黃點鮜有別於一般魚類，是軟骨魚綱中的成員，屬於軟骨魚類。

台灣的西部、北部以及澎湖的海域有中國黃點鮜的分布，喜歡棲息於具有泥底質的平坦海底，屬於底棲性魚類。性為肉食性，以小魚或甲殼類為食。

中國黃點鮜在台灣並非漁船主要魚物，常可在底拖網中捕獲，雖在一般的場不多見，但在魚港的市場較常見，魚的部分可做成魚翅。料理的方式以紅燒主，也可切塊以三杯的方式料理。

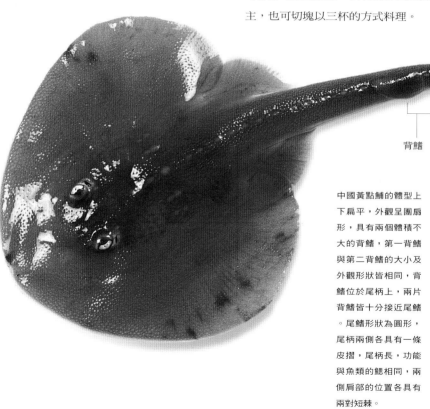

背鰭

中國黃點鮜的體型上下扁平，外觀呈團扇形，具有兩個體積不大的背鰭，第一背鰭與第二背鰭的大小及外觀形狀皆相同，背鰭位於尾柄上，兩片背鰭皆十分接近尾鰭。尾鰭形狀為圓形，尾柄兩側各具有一條皮摺，尾柄長，功能與魚類的鰓相同，兩側肩部的位置各具有兩對短棘。

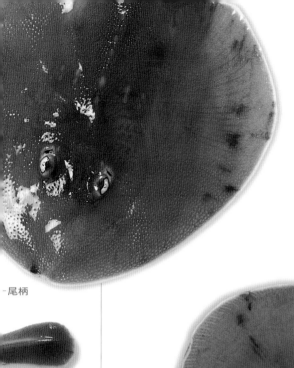

中國黃點鱝的雙眼位
於背面,背面中央具
有一排短棘,眼睛後
方各有一個出水孔,
出水孔及眼角上方各
具有一對硬棘。

-尾柄

身體背部的顏色為褐色,
位於背部突起的棘鰭顏色為橙色。

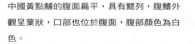

中國黃點鱝的腹面扁平,具有鰓列,腹鰭外
觀呈葉狀,口部也位於腹面,腹部顏色為白
色。

翅　沙 *Hypogaleus hyugaensis*

■中文種名：黑緣灰鮫、下盔鯊　　■別稱： 翅鯊

■外國名： Western School Shark, Blacktip Tope Shark,
Blacktip Houndshark, Blacktip Topeshark

翅沙在魚類分類上是屬於真鯊目（Carcharhiniformes），皺唇鯊科（Triakidae），下盔鯊屬（*Hypogaleus*），台灣使用的中文種名為「黑緣灰鮫」，本種在1939年由Miyosi所命名發表。翅沙有別於一般魚類，是軟骨魚綱中的成員，屬於軟骨魚類。

在台灣只有東北部海域有翅沙的分布，大多在具有沙泥底質的近海沿岸活動，活動的水層以底層為主，屬於底棲性魚類。生殖上屬於胎生魚類，直接產出具成魚外觀的幼魚，每胎約可產10尾左右的幼魚。為肉食性，以魚類或無脊椎動物為食。

翅沙屬於高經濟價值的軟骨魚類，體各個部位幾乎都可以利用，在台灣的獲方式以底拖網、流刺網以及延繩釣為。魚肉可食用，在軟骨魚類中屬於上等質，料理魚肉的方式以紅燒為主，另可工醃製，此加工品在市場上被稱為「鯊煙」。

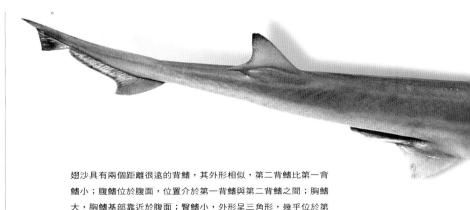

翅沙具有兩個距離很遠的背鰭，其外形相似，第二背鰭比第一背鰭小；腹鰭位於腹面，位置介於第一背鰭與第二背鰭之間；胸鰭大，胸鰭基部靠近於腹面；臀鰭小，外形呈三角形，幾乎位於第二背鰭的正下方；尾鰭長，上葉十分發達，上葉比下葉長，尾鰭上葉靠近末端處的尾葉下方有三角形的突起。

放大看特徵

翅沙的頭部稍為扁平，身體橫切面幾乎呈半圓形，吻略長，口大且口裂呈弧形。

翅沙的體型長，腹部較為平坦，鱗片屬於盾鱗，身體的顏色為灰褐色，腹部顏色較淡。

雙過仔 *Sphyrna lewini*

■中文種名：紅肉丫髻鮫、路氏雙髻鯊　　■別稱： 紅肉雙髻鯊、犁頭沙

■外國名： Hammerhead Shark ,Hammerhead,Scalloped Hammerhead

　　雙過仔在魚類分類上是屬於真鯊目（Carcharhiniformes），丫髻鮫科（Sphyrnidae），雙髻鯊屬（*Sphyrna*），台灣使用的中文種名為「紅肉丫髻鮫」，本種在1834年由Griffith與Smith所共同命名發表。雙過仔有別於一般魚類，是軟骨魚綱中的成員，屬於軟骨魚類。

　　雙過仔在台灣除了北部以外的海域都有分布，成魚喜歡在大洋區的中上層水層活動，大多單獨行動，繁殖季節時才會聚集在固定的區域繁殖後代，有時會有數量超過上百尾的成魚聚在一起。幼魚為群居性，會成群活動。雙過仔在生殖上是屬於胎生魚類，直接產出具成魚外觀的幼魚，每胎約可產15至30尾的幼魚，剛產下的幼魚體長約55公分左右。雙過仔的食性為肉食性，以各種魚類、甲殼類以及軟體動物為食。

　　雙過仔屬於高經濟價值的魚類，身體各個部位幾乎都可以利用，在台灣的捕撈方式以底拖網、流刺網以及延繩釣為主，魚肉可食用，料理魚肉的方式以紅燒為主，另可加工成醃製品，此加工品在市場上被稱為「鯊魚煙」，也可加工製成魚丸，魚鰭部位可加工成魚翅，肝臟可提煉豐富的維生素以及魚油，魚皮可加工成皮製品。

丫髻狀的頭部

眼睛

雙過仔的體型長且略為側扁，頭部前端扁平，並向兩側突出，呈丫髻狀，眼睛位於丫髻狀頭部的最末端，口裂大，具有明顯且數量多的尖齒，牙齒形狀為側扁的三角形。具有兩個背鰭，尾鰭的上葉比下葉大很多，上葉寬長且呈45度角上揚，靠近末端處的尾葉下方有小突起。胸鰭末端以及尾鰭下葉末端具有黑色的黑斑，背鰭尖端邊緣為黑色。

狗沙的體型為延長的圓柱形，身體後半段逐漸側扁，腹部較為平坦，吻端圓鈍，眼睛位置接近頭頂，不具有瞬膜，口部靠近腹部。背鰭兩個，第一背鰭與第二背鰭外觀與大小幾乎相同，兩個背鰭的鰭端圓鈍；胸鰭大且位置十分接近腹部，是所有魚鰭中最大的；腹鰭外形方正，位於胸鰭後方，但不超過第一背鰭；臀鰭小，幾乎緊鄰尾鰭的下葉，臀鰭與腹鰭之間的距離很長；尾鰭上葉不明顯，下葉面積較上葉大。身體的顏色為褐色，另有數個環狀的深色花紋，讓狗沙看起來好像一節一節的，身體以及魚鰭上都具有不規則的淺色斑點。

環狀的深色花紋

狗　　沙 *Chiloscyllium plagiosum*

■中文種名：斑竹狗鮫、條紋斑竹鯊　　■別稱：沙條

■外國名： White-spotted Bambooshark

　　狗沙在魚類分類上是屬於鬚鮫目（Orectolobiformes），天竺鮫科（Hemiscylliidae），斑竹鯊屬（*Chiloscyllium*）中文種名為「斑竹狗鮫」，本種在1830年由Bennett所命名發表。狗沙有別一般魚類，是軟骨魚綱中的成員，屬於軟骨魚類。

　　台灣的西部以及北部海域皆有狗沙的分布，屬於底棲性的小型鯊魚，大多棲息於岩礁區或沿海海域。為卵生魚類，每年1月或2月是狗沙的交配季節，交配後陸續產卵，產卵期可持續到同年的6月，會分批產下外形如豆莢狀的卵莢，卵約2至4個月即可孵化。狗沙的食性為肉食性，以魚類、甲殼類以及頭足類為食。

　　狗沙是台灣重要的食用海鮮，經濟價值非常的高，也是同屬小型鯊魚中最具經濟價值的種類，捕撈的方式有底刺網、底拖網、底延繩釣以及籠具，在台灣沿海的魚市場或是在北部的活海產店都十分常見，除了可料理食用外，還可加工成魚丸以及鯊魚煙等加工食品。

角 鯊 *Heterodontus zebra*

■中文種名：條紋異齒鮫、狹紋虎鯊　　■別稱： 虎沙

■外國名： Zebra Bullhead Shark

　　角鯊在魚類分類上是屬於異齒鮫目（Heterodontiformes），異齒鮫科（Heterodontidae），異齒鮫屬（*Heterodontus*），台灣使用的中文種名為「條紋異齒鮫」，本種在1831年由Gray所命名發表。角鯊有別於一般魚類，是軟骨魚綱中的成員，屬於軟骨魚類。

　　台灣幾乎只在北部及澎湖周圍海域才有角鯊的分布，屬於底棲性的小型鯊魚，大多棲息在岩礁區或沿海海域，為卵生魚類。食性為肉食性，以魚類、甲殼類以及頭足類為食。

　　角鯊在台灣的產量十分稀少而且不穩定，偶爾會被漁民以延繩釣釣獲，但經濟價值較低，在市場上也不易看到，不過在一些展覽性質的水族館裡是蠻受到歡迎的種類。

角鯊的背鰭有兩個，
各具有一根明顯的硬棘。

第二背鰭與第一
背鰭外觀相同，
鰭端圓鈍，也同
樣具有一根明顯
的硬棘。

硬棘 ——————

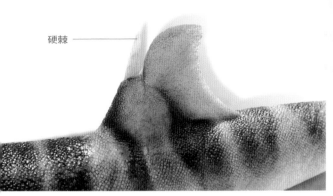

硬棘 ——————

角鯊的體型為延長的圓柱形，身體後半段逐漸側扁
，腹部較為平坦，吻端圓鈍，不具有瞬膜，口部靠
近腹部，鱗片屬於較粗糙的盾鱗。胸鰭大且位置幾
乎位於腹面，是所有的魚鰭中最大的。身體顏色為
黃綠色，腹面顏色為白色，身體具有深褐色不規則
的橫帶，橫帶有粗有細。

布氏鬚鰨的體型側扁，身體十分薄，體型特殊，外形如舌。兩眼的間距短，位於同一平面；口明顯，成魚鈎眼睛的體側，鱗片屬於細小的櫛鱗，不具有眼睛的體側，鱗片屬於圓鱗；側線兩條，只位於具有眼睛的那一。背鰭基部長，尾鰭成尖形，背鰭、腹鰭以及尾鰭連接在一起，魚鰭幾乎是圍繞整隻魚的邊緣，根本無法個，不具有胸鰭。身體分為兩側，具有眼睛的體側顏色為褐色，而另一側顏色為灰色或白色，魚鰭顏色比體色

兩眼位於同一平面

牛舌魚 *Paraplagusia blochi*

▓▓▓中文種名：布氏鬚鰨、短鈎鬚

▓▓▓別稱： 皇帝魚、比目魚、牛舌、扁魚　　▓▓▓外國名： Tonguefish

　　台灣所稱的牛舌魚皆為舌鰨科（Cynoglossidae）魚類的統稱，牛舌魚在魚類分類上是屬於鰈形目（Pleuronectiformes），鰈亞目（Pleuronectoidei），舌鰨科（Cynoglossidae），本篇介紹的為鬚鰨屬（*Paraplagusia*）及條鰨屬（*Zebrias*），台灣使用的中文種名為「布氏鬚鰨」及「格條鰨」，布氏鬚鰨是在1851年由Bleeker所命名發表，格條鰨是在1858年由Kaup所命名發表。

　　台灣四周海域皆有牛舌魚的分布，主要棲息於具有沙泥底質的沿海海域，具有雙眼的體側朝上，不具雙眼的那一側稱為盲側，相當於一般魚類的腹面，盲側都是

朝下的，但幼魚期的體型與一般魚類相，隨著成長兩眼會逐漸移至同一體側。底棲性魚類，常潛浮在海底等待獵物經，因其身體的顏色與環境相似，因此具偽裝的效果。食性為肉食性，以底棲生為食。

　　牛舌魚因為是底棲性魚類，因此捕的方式以底流刺網或底拖網為主，偶爾繩釣也可釣獲，體型小的牛舌魚大多被工成魚乾，市場上稱為「扁魚酥」，扁酥不僅是下酒的小菜，也可當作休閒食。另外用扁魚酥來熬湯可熬出很好的湯，體型較大些的牛舌魚也可用油炸或紅等方式料理。

深褐色的階梯狀條紋

外形如舌

牛舌魚 *Zebrias quagga*

▇ 中文種名：格條鰨、峨嵋條鰨

▇ 別稱： 皇帝魚、比目魚、牛舌、扁魚

▇ 外國名：Fringefin Zebra Sole

格條鰨的體型側扁，外形如舌，兩眼間距短且皆位於同一平面，吻端鈍且口小。有眼睛的體側，鱗片屬於細小的櫛鱗，側線單一且走向平直。背鰭基部長，尾鰭成尖形，背鰭、腹鰭以及尾鰭連接在一起，有眼睛的體側具有胸鰭，另一側幾乎不具胸鰭。具有眼睛的體側，顏色為淺褐色，具有11條深褐色的階梯狀條紋。其身體分為兩側，不具有眼睛的體側，鱗片也同樣是屬於櫛鱗，顏色為白色。魚鰭幾乎是圍繞在整隻魚的邊緣而無法個別區分。

白達仔 *Aluterus monoceros*

■中文種名：單角革單棘魨、單角革魨　　■別稱： 剝皮魚、薄葉剝魨

■外國名：Unicorn Leatherjacket(澳洲、紐西蘭),Unicorn Filefish(泰國),
Rough Leatherjacket,Triggerfish,Batfish,Filefish

白達仔在魚類分類學上是屬於魨亞目（Teraodontoidei），單角魨科（Monaca-nthidae），革魨屬（*Aluterus*），台灣使用的中文種名為「單角革單棘魨」，本種在1758年由Linnaeus所命名。

台灣四周海域皆有白達仔的分布，而以北部及東北部產量較多，通常在水面10公尺以下的海底活動，屬於近海底棲性魚類，幼魚常出現於大洋區的漂浮物底下。食性為雜食性，藻類、無脊椎動物或軟體動物皆是其攝食的對象。

白達仔這種剝皮魚全年皆可捕獲，但以夏季及秋季之間的產量最多，捕獲方式以底拖網與定置網為主。由於白達仔的魚皮極厚且粗糙，在食用前必須先去除魚皮，因此有「剝皮魚」之稱，料理方式以油炸或燒烤為主。

體表十分粗糙 —————

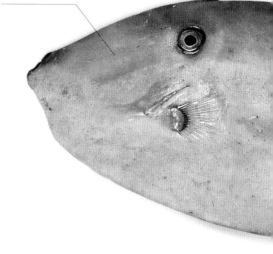

白達仔具有兩個距離甚遠的背鰭，第一背鰭位於眼睛上方的位置，第一背鰭呈棘狀，細長而易斷，第二背鰭基部長，位置約位於身體後半部，臀鰭位於第二背鰭正下方與第二背鰭相對應，尾鰭形狀為內凹形。

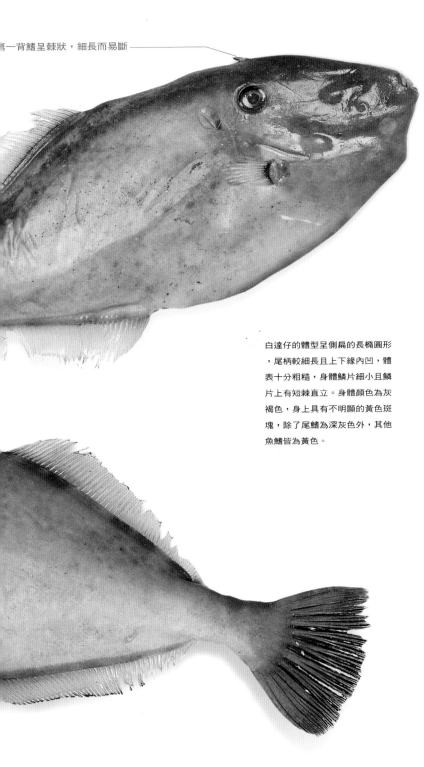

第一背鰭呈棘狀，細長而易斷

白達仔的體型呈側扁的長橢圓形，尾柄較細長且上下緣內凹，體表十分粗糙，身體鱗片細小且鱗片上有短棘直立。身體顏色為灰褐色，身上具有不明顯的黃色斑塊，除了尾鰭為深灰色外，其他魚鰭皆為黃色。

剝皮魚的體型為側扁的長橢圓形，尾柄上下緣皆內凹，體表十分粗糙，身體鱗片細小且鱗片上有短棘直立。兩個背鰭距離甚遠，第一背鰭位於眼睛上方的位置，呈棘狀，細長且易斷，第二背鰭基部長，位置約位於身體後半部；臀鰭位於第二背鰭正下方與第二背鰭相對應；尾鰭形狀為長圓形，隨著成長，尾鰭會逐漸變長變大，占身體極大的比例，形狀宛如掃帚。魚體顏色為淺褐色且具有許多黑點與不規則的紋路，尾鰭顏色較深，其餘魚鰭皆為淡色。

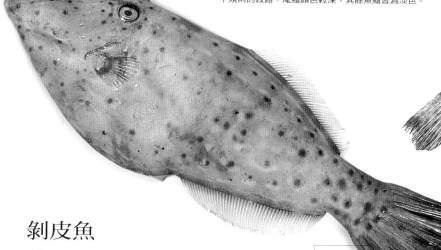

剝皮魚
Aluterus scriptus

■中文種名：長尾革單棘魨、擬態革魨
■別稱：粗皮狄、海掃手、烏達仔
■外國名：Scrawled Filefish(美國加州)，
　　Scribbled Leatherjacket(澳洲、紐西蘭、泰國)

尾鰭極大
形狀宛如掃帚

　　剝皮魚在魚類分類上是屬於魨亞目（Teraodontoidei），單角魨科（Monacanthidae），革魨屬（*Aluterus*），灣使用的中文種名為「長尾革單棘魨」，本種在1765年由Osbeck所命名。

　　台灣四周海域皆有剝皮魚的分布，剝皮魚大多棲息於沿岸海域，如岩礁區或潟湖，其特殊的外表以及顏色具有擬態的特性，常會躲藏於海草之間以躲避敵害。其食性為雜食性，以海草、無脊椎動物或水螅為食。

　　剝皮魚在漁港的市場內比較容易看到，尤其以北部較多，捕撈的方式以圍網或一支釣為主，因外皮極厚且粗糙，在食用前必須先去除魚皮，因此有「剝皮魚」之稱。料理方式以油炸或燒烤為主。

牛尾魚 *Inegocia guttata*

中文種名：眼眶牛尾魚、斑瞳鯒

外國名：Flathead

牛尾魚的體型略為扁平，腹部扁平，背部隆起，整體外觀呈圓錐形。腹鰭很大且明顯，背鰭有兩個，第一背鰭外形類似三角形，第二背鰭基部長，臀鰭與第二背鰭外觀相同也互相相對應，尾鰭小。身體顏色為黃褐色，身上具有數條暗色的縱帶，以及不規則暗棕色斑點，魚鰭具有黑色的圓斑。

牛尾魚在魚類分類上是屬於鯒亞目（Platycephaloidei），鯒科（Platyphalidae），瞳鯒屬（*Inegocia*），的文種名為「眼眶牛尾魚」，本種在29年由Cuvier所命名發表。

台灣北部與西部的海域皆有牛尾魚的布，為底棲性魚類，棲息於具有沙泥質的海床，身體的顏色是很好的保護，體色很接近周圍環境的顏色。食性肉食性，以小型魚類或甲殼類為食。

牛尾魚在台灣漁港的魚市場十分常，雖然外形並不是很討喜，但其肉質嫩，也蠻受大眾的喜愛，台灣捕獲牛魚的方式以底拖網以及延繩釣為主，季為牛尾魚的主要產季。牛尾魚的料方式變化多，新鮮的魚可作成生魚片另外也可以油煎、紅燒、煮湯或燒烤方式料理。

🔍 放大看特徵

下頜長於上頜

眼睛大
位於頭頂

比目魚 *Psettodes erumei*

■中文種名：大口鰜　　■別稱： 咬龍狗、左口、扁魚、皇帝魚

■外國名：Indian Halibut(世界糧農組織、印度、泰國),Turbot(美國、加拿大),
　　　　Queensland Halibut(澳洲、紐西蘭),Turbot epineux-indien(法國),
　　　　Lenguado espinudo-indio (西班牙), False Halibut, Indian Spiny Turbot

　　比目魚在魚類分類上是屬於鰜亞目（Psettodoidei），鰜科（Psettodidae），鰜屬（*Psettodes*），中文種名為「大口鰜」，本種在1801年由Bloch與Schneider共同命名發表。

　　比目魚可分成鰜、鰈、鮃以及舌鰨四大類，在此有一簡單的分辨方法可區分這幾種：將比目魚有眼睛的那一面朝上，背鰭在上臀鰭在下，然後觀察魚的頭部是朝左還是朝右，頭部朝向左邊的為鰜或舌鰨，而朝右的則為鰈或鮃，而大口鰜屬於鰜類，因此牠的頭部是朝左邊的。

　　比目魚的體型特殊，具有雙眼的體朝上，不具雙眼的那一側稱為盲側，相於一般魚類的腹面，盲側都是朝下的，幼魚期的比目魚，體型與一般魚類相似隨著成長的變化，兩眼會逐漸移至同一側。主要棲息於沙泥底質海域，為底棲魚類，大多分布於台灣西部海域以及澎海域。比目魚常潛浮在海底等待獵物經，因身體的顏色與環境相似，因此具有好的偽裝效果。其食性為肉食性，以甲類或小型魚類為食，會隨季節而遷移，夏季大多棲息於較深的海底，秋冬季時遷移至淺海海域。

　　比目魚為底棲性魚類，因此捕獲的式以底流刺網或底拖網為主，偶爾延繩也可釣獲。由於比目魚在秋冬季節時會移至淺海，所以比較容易被捕獲，料理式以油炸及紅燒為主。

🔍 放大看特徵

比目魚的頭部大且吻端鈍，
兩眼間距短且皆位於同一平面，
口裂大且傾斜，
下頜比上頜突出。

比目魚的體型為側扁的長橢圓形,身體的鱗片屬於細小的櫛鱗,鱗片邊緣為齒狀,側線單一且明顯,側線只位於具有眼睛的那一面體側。背鰭基部長,前10根鰭條為硬棘,其餘為軟鰭;臀鰭基部長,前兩根鰭條為硬棘,其餘為軟條;腹鰭位於鰓蓋下緣,第一根鰭條為硬棘,尾鰭形狀為雙截形。

比目魚的身體分為兩側,具有眼睛的體側顏色為黑褐色或深褐色,而另一側顏色為灰色或白色。

黃帝魚 *Pseudorhombus oligodon*

■■■中文種名：少牙斑鮃　　■■■外國名：Roughscale Flounder
■■■別稱： 扁魚、皇帝魚、半邊魚、比目魚

黃帝魚在魚類分類上是屬於鰈亞目（Pleuronectoidei），牙鮃科（Paralichthyidae）斑鮃屬（*Pseudorhombus*），中文種名為「少牙斑鮃」，本種在1854年由Bleeker所命名發表。

黃帝魚主要棲息於沙泥底質海域，為底棲性魚類，大多分布於台灣西部與南部海域，此外台灣的東北角海域也可發現。黃帝魚常潛浮在海底等待獵物經過，因身體的顏色與環境相似，因此具有偽裝的效果。其食性為肉食性，以甲殼類或小型魚類為食，會隨季節而遷移，春夏季大多棲息於較深的海底，秋冬季時會遷移至淺海域。

黃帝魚為底棲性魚類，因此捕獲的方式以底流刺網或底拖網為主，偶爾延繩釣也可釣獲。因在秋冬季節會遷移至淺海所以較易捕獲。黃帝魚大多被加工成魚乾，市場上稱為「扁魚酥」，扁魚酥不僅是下酒的小菜，也可當作休閒食品，另外用扁魚酥來熬湯可熬出很好的湯底，也可用油炸或紅燒等方式料理。

🔍 放大看特徵

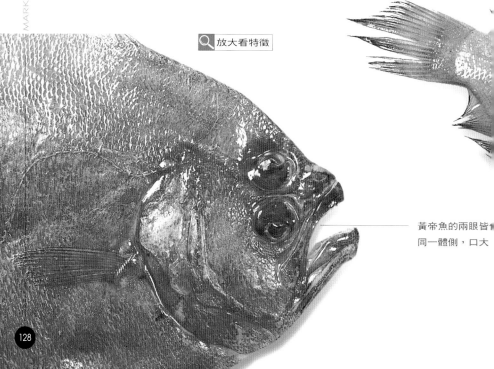

黃帝魚的兩眼皆位於
同一體側，口大

128

黃帝魚的體型為側扁的卵圓形，背緣與腹緣皆呈弧形且互相對稱，身體的兩側鱗片皆屬於圓鱗，兩側皆具有完整的側線，而側線只在胸鰭上方有彎曲外，其餘部分皆是平直的，在側線變平直的位置具有一個大的黑斑。背鰭單一，起始於眼睛上方，背鰭環繞整個背緣，臀鰭也同背鰭，幾乎環繞整個腹緣，背緣及背鰭與腹緣及臀鰭都是互相對稱且外觀幾乎相同，尾鰭不大，外形成楔形。其體色，具有雙眼的體側顏色為綠褐色，而另一側為灰白色。

沙鑽仔魚 *Sillago sihama*

■中文種名：沙鮻、多鱗鱚　　■別稱：沙腸、沙湓、鼠頭魚

■外國名：Silver Sillago(美國加州),Northern Whiting(澳洲、紐西蘭),Sand Whiting,
Lady's Finger(印尼),Silver Whiting(泰國),Puntung Damar,Bulus Bulus(馬來西亞)

　　沙鑽仔魚在魚類分類學上是屬於鱸亞目（Percoidei），沙鮻科（Sillaginidae），沙鮻屬（*Sillago*），本種在1775年由Forsskal所命名發表，台灣使用的中文種名為「沙鮻」。

　　台灣四周海域皆有沙鑽仔魚的分布，尤其以西部的沙質沿岸及河口最常見，也可在紅樹林、內灣甚至於淡水水域內發現其蹤跡。沙鑽仔魚為底棲性魚類，喜歡棲息於具有沙泥底質的沿岸水域，遇到危險時會潛入沙中躲避敵害。為雜食性，以多毛類、小蝦、蟹及各種小型浮游動物為食。每年的三月為繁殖期，卵為浮性卵。

　　沙鑽仔魚在台灣是重要的海鮮魚類，在台灣的夜市或是海鮮店裡也是十分常見的種類，因野生數量多，因此目前無人養殖，捕撈方式以底拖網、流刺網為主，也是灘釣最常釣獲的魚種。沙鑽仔魚料理的方式以沾粉油炸最為合適，另外也可蒸及加工成魚乾，在港式料理中也常以粥的方式料理。

沙鑽仔魚的體型為稍側扁的長圓柱形，吻端尖，眼中大。身體的鱗片為易脫落的小櫛鱗，而臉頰兩側各具有2列圓鱗，有完整的側線。有兩個幾乎緊鄰的背鰭，第一背鰭由11根硬棘所組成，外觀很像三角形；第二背鰭基部長，由1根硬棘與22條左右的軟條所組成，臀鰭位於第二背鰭下方，尾鰭後緣平直或微凹，屬於內凹形的尾形。身體顏色為略帶土黃色的銀灰褐色，腹部顏色為銀白色，魚鰭的顏色幾乎都是透明的，尾鰭末端顏色較暗淡。

六橫斑擬鱸　*Parapercis sexfasciata*

■中文種名：六橫斑擬鱸、六帶擬鱸　■別稱：海狗甘仔　■外國名：Grub Fish

　　六橫斑擬鱸在魚類分類上是屬於龍騰目（Trachinoidei），擬鱸科（Pingpedidae），擬鱸屬（*Parapercis*），台灣使用的中文種名為「六橫斑擬鱸」，本在1843年由Temminck與Schlegel所共命名發表。

　　台灣的東部海域、西部海域以及澎湖域皆有六橫斑擬鱸的分布，其體型小，牠們喜歡棲息於沙泥底質的海底，屬底棲性魚類。食性為肉食性，以底棲的生物為食。

　　六橫斑擬鱸在台灣全年皆可捕獲，漁獲量不穩定也不多，常會被底拖網捕獲，不過因為體型很小，因此經濟價值不高。六橫斑擬鱸可以油炸或紅燒的方式料理，肉不多，但是風味還不錯。

六橫斑擬鱸的體型略為側扁，身體較長，頭大，眼大，兩眼十分接近頭頂，口偏下方，上頜略長於下頜。背鰭基部長，前四根鰭條為較短的硬棘；臀鰭基部長，外觀與背鰭的後半部相同，尾鰭形狀為楔形。身體顏色為帶有點紅褐的蛋清色，身體兩側皆有數條深褐色的橫帶，橫帶上端分叉，腹鰭顏色為褐色。

◀ 沙鑽仔魚的營養價值

根據行政院衛生署的營養成分分析，每100公克重的沙鑽仔魚所含的成分如下：熱量90Kcal，水分78.2克，粗蛋白18.6克，粗脂肪1.2克，灰份1.4克，碳水化合物0.6克，膽固醇103毫克，維生素B2 0.05毫克，維生素B6 0.11毫克，維生素B12 0.97毫克，菸鹼素1.40毫克，維生素C 1.8毫克，鈉96毫克，鉀291毫克，鈣54毫克，鎂33毫克，磷203毫克，鐵0.3毫克，鋅0.6毫克。

狗母梭 *Saurida elongata*

■中文種名：長體蛇鯔、長蛇鯔　　■別稱： 狗母

■外國名：Slender Lizardfish(美國加州),Saury(澳洲、紐西蘭),Shortfin Lizardfish

　　狗母梭在魚類分類上是屬於帆蜥魚亞目（Alepisauroidei），狗母魚科（Synodontidae），蛇鯔屬（*Saurida*），台灣使用的中文種名為「長體蛇鯔」，本種在1846年由Temminck與Schlegel所共同命名發表。狗母梭是所有蛇鯔屬魚類的俗稱，而本文介紹的長體蛇鯔為較常見的種類。

　　全世界的熱帶、溫帶海域幾乎都有狗母梭的分布，在台灣四周海域均有，而以西南部的海域最常見。喜歡棲息於具有沙泥底底質的環境或礁岩區外圍的沙地，屬於底棲性魚類，常會停滯於沙地上或潛入沙中。食性為肉食性，平時會潛入沙層中只露出眼睛，等候獵物經過時在迅速獵食。

　　在台灣全年皆可捕獲狗母梭，而以〔〕季與秋季為盛產期，捕獲方式以底刺網〔〕底拖網或手釣為主。由於狗母梭的體型〔〕，細刺多，加上捕獲的產量不多，因此〔〕市場上並不是很普遍，大部分所捕獲的〔〕母梭都用於加工製成魚鬆、魚丸、魚板〔〕魚漿等加工品，尤其最適合做成彈性十〔〕的魚丸，可說是魚加工品最上等的材料〔〕狗母梭雖然肉質細嫩，但可食用的部份〔〕多，因此較適合以沾粉油炸或切薑片燉〔〕，另外也可將魚切塊油炸到酥黃，因其〔〕感硬脆且不油膩，因此也是用來做羹湯〔〕材料之一，在南部的六甲就可吃到狗母〔〕油炸後所做的狗母魚羹。

狗母梭的營養價值

根據行政院衛生署的營養成分分析，同屬於狗母梭的錦鱗蜥魚，每100公克的魚肉成分如下：熱量103Kcal，水分76.1克，粗蛋白20.8克，粗脂肪1.6克，灰份1.3克，膽固醇50毫克，維生素B1 0.11毫克，維生素B2 0.08毫克，維生素B6 0.27毫克，維生素B12 1.34毫克，菸鹼素4.01毫克，維生素C0.8 毫克，鈉60毫克，鉀451毫克，鈣5毫克，鎂33毫克，磷199毫克，鐵0.3毫克，鋅0.5毫克。

🔍 放大看特徵

吻端鈍且口裂大，
口內具利齒。

狗母梭的體型呈瘦長的圓柱形，背鰭位於身體背部中央，身體鱗片屬於較小的圓鱗，背鰭後方有一脂鰭，腹鰭與背鰭外形相似，尾鰭形狀為叉型。身體顏色為暗褐色，越接近背部顏色越深，腹部顏色為白色，側線上方有9塊不明顯的斑塊，每個魚鰭的鰭膜上皆有少許的淡橙色斑紋。

那篙魚 *Harpadon microchir*

■中文種名：小鰭鐮齒魚、短臂龍頭魚　　■別稱： 那個魚、勞腦

■外國名：Bombay-duck,Indian Bombay Duck,

Bombil (美國加州、澳洲、紐西蘭、印度),Bummalow (泰國), Snakefish

那篙魚在魚類分類上是屬於帆蜥魚亞目（Alepisauroidei），狗母魚科（Syno-dontidae），龍頭魚屬（*Harpadon*），台灣使用的中文種名為「小鰭鐮齒魚」，本種在1878年由Gunther所命名發表。而另一種與那篙魚同屬於狗母魚科的印度鐮齒魚(*Harpadon nehereus*)，其外觀與那篙魚十分相似，印度鐮齒魚在中國大陸學名為龍頭魚，在民間也有龍口魚之稱。

據陳兼善、于名振著作的『臺灣脊椎動物誌』中指出，那篙魚在台灣只有產於東港，為東港的特產，肉質細嫩有如豆腐，入口即化，且含有豐富的鈣質，不過那篙魚十分容易因自體消化而腐敗，必須以活魚的方式供應，所以只有在東港才吃得到。雖然那篙魚的體長可達70公分，但市場上販賣的通常只有20餘公分而已，在東港當地是十分受歡迎的食用魚類，價格便宜，料理容易，又十分適合給老人小孩食用養生，因此深受當地家庭主婦的喜愛。各種料理方式皆可，但在台灣最常以油炸、煮湯或是煮麵煮粥等方式料理。

印度鐮齒魚與那篙魚同屬狗母魚科，外形十分類似。

那篙魚的營養價值

根據行政院衛生署的營養成分分析，每100公克重的那篙魚所含的成分如下：熱量
49Kcal，水分87.8克，粗蛋白10.4克，粗脂肪0.5克，灰份1克，膽固醇56毫克，維
生素B1 0.04毫克，維生素B2 0.03毫克，維生素B6 0.01毫克，維生素B12 1.05毫克
，菸鹼素0.58毫克，維生素C 0.8毫克，鈉192毫克，鉀160毫克，鈣15毫克，鎂110
毫克，磷29毫克，鐵0.7毫克，鋅0.4毫克。

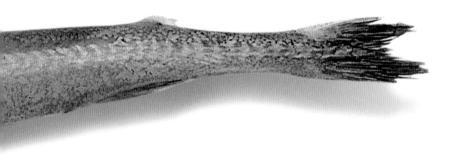

那篙魚的體型長，略為側扁，魚體柔軟，眼小，距吻端近，口裂大且略為傾斜，口
裂延伸達眼後，下頜略長於上頜。口內的牙尖銳，似針狀。身體前半部大部份光滑
，不具鱗片，後半部有細小的鱗。背鰭兩個，第一背鰭位於身體中央，背鰭大且高
，第二背鰭較接近尾部，十分小，腹鰭位於第一背鰭正下方的位置，正好與其相對
應。身體的背面呈暗褐色，腹面為白色。

龍 占 *Lethrinus rubrioperculatus*

■中文種名：紅鰓龍占、紅裸頰鯛　　■別稱：龍針

■外國名：Red-eared Emperor,Spotcheek Emperor,Red-gilled Emperor

　　台灣所稱的龍針是所有龍占魚科魚類的俗稱。龍占在魚類分類學上都是屬於鱸亞目（Percoidei），龍占魚科（Lethrinid-ae），龍占魚屬（*Lethrinus*），全世界的龍占魚科約共有38種，在台灣約有18種，本文介紹的中文種名為「紅鰓龍占」，本種在1978年由Sato所命名發表。

　　台灣四周海域皆有龍占的分布，而紅鰓龍占在台灣只分布於東部與南部海域，其棲息的範圍很廣闊，沿海海域的岩礁區與淺海區都有其蹤跡，喜歡單獨行動，偶爾會聚集成小群體活動。龍占在幼魚期時棲息於較淺的沿岸海域，隨著成長會逐漸游向較深或其他的海域。龍占的體色可以迅速改變，每當遇到危險時便會迅速改變體色以躲避敵害，當危機解除後又可迅速變回原本的體色。食性為肉食性，常以小型魚類、甲殼類以及軟體動物為食。

　　在台灣的市場上將龍占魚科的魚類稱為龍占，因此我們所稱的「龍占」其包含了許多種類，較常見的種類包括青嘴龍占、一點龍占、單斑龍占與紅鰓龍占。其中青嘴龍占是台灣有養殖的龍占魚種類，是箱網養殖的魚種之一。不過其他種類的龍占也常被漁民捕獲而在市場上販售，一般漁民捕撈龍占的方式有延繩釣、拖網、刺網以及手釣。

　　龍占因外形極具帝王之相，而中國一直以「龍」為帝王的象徵，因此才將具有帝王之相的魚稱之為「龍占」，而英文名稱也是不約而同有「皇帝魚」的意思。龍占屬於中大型的高級食用魚類，其肉質鮮嫩細緻且多汁，不論是油煎、炭烤、清蒸或是煮湯，都十分適合用來料理龍占，尤其以清蒸或煮湯的方式來料理，最能顯現出龍占的美味。

側線十分明顯

頰部不具有鱗片

體型側扁，有點呈梯形

打鐵婆的體型側扁，有點呈梯形，因背部高且背緣較為平直，頭頂平直且傾斜，吻端鈍，上下頜長度相等。覆蓋身體的鱗片屬於較小的櫛鱗，具有與背緣幾近平行的側線。背鰭只有一個，硬棘部與軟條部之間明顯下凹，第一與第二硬棘短小，第三根硬棘最長；臀鰭外形與背鰭的軟條部相似，位置也與其相對應；尾鰭形狀呈圓形。身體顏色為淡褐色，體側具有6條深褐色的粗帶，背鰭與臀鰭的硬棘處為黑色或灰褐色，軟條部顏色為淺黃色，尾鰭顏色也為淺黃色，尾鰭、背鰭以及臀鰭的末端邊緣有黑邊，胸鰭與腹鰭顏色為黑色。

打鐵婆
apalogenys mucronatus

■中文種名：橫帶髭鯛　　■別稱：石飛仔魚、銅盆魚　　■外國名：Sweetlip

　　打鐵婆在魚類分類上是屬於鱸亞目（Percoidei），仿石鱸科（Haemulidae）髭鯛屬（*Hapalogenys*），中文種名為橫帶髭鯛，本種在1850年由Eydoux與 ouleyet共同命名發表。

　　台灣四周海域皆有打鐵婆分布，但南灣較少見，具有群游的習性，主要在岩區邊緣活動，也會棲息在沿海的沙底質海域，屬於夜行性魚類，白天在岩礁區的岩洞或石縫中休息，晚上才開始活動或覓食。食性為肉食性，以小型魚類以及底棲動物為食。

　　打鐵婆為十分美味的海產食用魚類，全年皆可捕獲，而以每年的11月至隔年1月或2月份產量最多，在台灣捕獲的方式以底拖網、刺網以及底延繩釣為主，各種料理方式皆適合用來料理打鐵婆。

◀ 紅鰓龍占的體型為稍側扁的長橢圓形，吻端尖且較長，兩眼之間稍微突起，頰部不具有鱗片，為此科的特徵，因此龍占魚科另有「裸頰鯛科」之稱，側線十分明顯。背鰭單一，背鰭幾乎都是硬棘，棘條之間間距大，臀鰭具有硬棘，尾鰭形狀為叉型，尾葉末端尖。身體顏色為橄欖綠褐色，越靠近腹部，顏色越淺，體側具有不規則的斑紋，頰部有一淺紅色圓斑。

臭都魚　*Siganus fuscescens*

■中文種名：褐籃子魚、臭都魚

■別稱：臭肚、象魚（基隆）、羊嬰、羊鍋（南部）、疏網、茄冬仔、娘唉、黎艋

■外國名：Doctor Fish,Fuscous Spinefoot,Rabbitfish(澳洲、紐西蘭),Dusky Spine

　　臭都魚在魚類分類上是屬於刺尾魚亞目（Acanthuroidei），籃子魚科（Sigani-dae），籃子魚屬（*Siganus*），台灣使用的中文種名為「褐籃子魚」，本種在1782年由Houttuyn所命名發表。

　　台灣四周海域皆有臭都魚的分布，有群游的習性，在近海海域、岩礁區、潟湖甚至河口都有其蹤跡，喜歡平坦且具有沙泥底質的海域或珊瑚礁區，白天會四處覓食活動，晚上大多會在棲息水域的底層休息。食性為雜食性，以附著性藻類或底棲無脊椎動物為食，魚鰭的硬棘尖銳且具有毒腺。繁殖季節約在6月至8月，交配時間大多發生在夜晚或凌晨。

　　臭都魚是台灣十分常見的海產魚類，全年皆可捕獲，在金山或野柳一帶稱為「臭肚仔」或「茄苳仔」，而在澎湖則稱為「羊嬰仔」或「羊鍋」，基隆稱為「象魚」，在大中國內地也稱「黎艋」。台灣南部及澎湖也有養殖，而台灣捕獲野生臭都魚的方式有手釣、拖網與圍網等，在繁殖期過後不久會捕抓幼魚，並以鹽漬方式將長約1.2公分的幼魚浸泡加工，金山及野柳等地的特產「茄苳仔」就是以臭都魚的幼魚鹽漬做成的加工品，這種加工品是吃稀飯最好的配菜。而體型較大的臭都魚則

可以煮湯或燒烤等方式料理，甚至可以作成生魚片。不過臭都魚幾乎以藻類為食，因此腸道有很濃的藻腥味，處理過程中如果將腸道弄破，魚肉也會有藻腥味而影響肉質的美味；此外魚鰭有毒腺，所以在處理魚身時需特別留意小心。

　　臭都魚的體型呈側扁的長橢圓形，背緣及腹緣的曲線皆呈弧形，尾柄細長，頭小，眼大，上頜比下頜長。身體鱗片屬於圓鱗，兩頰的前面部份具有鱗，而喉部中線則不具鱗片，側線完整。魚體顏色為褐綠色，靠近背部的顏色較深，往腹部則逐漸變為銀白色，體側具有白色圓點，側線以上圓點大，側線以下圓點小，鰓蓋後上方具有一個十分模糊的斑塊。

臀鰭長度約只有背鰭的一半

臭都魚的背鰭單一且基部長,幾乎由硬棘所構成,臀鰭外形類似背鰭,但基部長度約只有背鰭的一半,尾鰭形狀為內凹形且末端稍有分叉,隨著生長的變化,其分叉會越來越明顯。

有白色圓點

臭都魚的營養價值

根據行政院衛生署的營養成分分析,每100公克重的臭都魚所含的成分如下:熱量164Kcal,水分69.4克,粗蛋白19.9克,粗脂肪8.8克,碳水化合物0.6克,灰份1.3克,膽固醇66毫克,維生素B1 0.25毫克,維生素B2 0.14毫克,維生素B6 0.47毫克,維生素B12 12.40毫克,菸鹼素6.22毫克,維生素C 0.8毫克,鈉52毫克,鉀434毫克,鈣19毫克,鎂259毫克,磷36毫克,鐵1.0毫克,鋅0.7毫克。

加州鱸魚的體型呈紡綞形，口甚大，因此有「大口鱸」之稱，下頜比上頜長，有完整且平直的
線。兩個背鰭，第一背鰭由10條硬棘構成，第二背鰭由軟鰭條所構成，臀鰭形狀與第二背鰭相
，且位置位於第二背鰭正下方。身體顏色為淡綠褐色，背部顏色較深，為墨綠色或淡黑色，腹
顏色較淡，有點偏白色或淡黃色，側線下方有不規則的暗色斑相連而成的黑色縱帶。

大口

加州鱸魚
Micropterus salmoides

■■中文種名：美洲大嘴鱸魚　　■外國名：Largemouth Bass
■■別稱：美洲鱸、加州鱸、美洲石斑、黑鱸、大口鱸

加州鱸魚在分類上屬於鱸亞目（Percoidei），棘臀魚科（Centrarch-idae），黑鱸屬（*Micropterus*），中文種名為「美洲大嘴鱸魚」，本種於1802年由Lacepède所命名發表。

加州鱸魚的原產地是北美洲淡水河川，現今全美各州的淡水湖泊或河川皆有加州鱸魚的蹤跡，但較少出現於小型溪流。台灣原本不產加州鱸魚，後來才由北美引進飼養。屬於廣溫性魚類，生命力及適應力皆很強，可在所有的淡水水域環境中生活，溫度的適應範圍由2至34℃，而以12至30℃最適合其生長。為肉食性，以捕食小魚及昆蟲為食，兇猛且貪食。

加州鱸魚只產於北美，早期台灣鱸魚只有七星鱸及紅目鱸，而為了開發新的養殖種類，才於民國64年由美國加州引進

，剛開始是在屏東養殖，經過相關單位及養殖業者的努力，逐步建立養殖技術，種苗能夠穩定供應，也因此加州鱸魚的殖才逐漸普遍。養殖的加州鱸魚在台灣繁殖季節約在1月至4月，現今繁殖技已可使其自然產卵，但魚苗有相互蠶食習性，因此必須不斷依體型大小分養，降低飼養密度。加州鱸魚屬於外來種魚，但在養殖過程中有些魚流入台灣自然川水域中，現在一些水庫或河川也可釣，因食性兇猛，加上適應力又強，對台原始的河川生態造成不少不良的影響。

市面上加州鱸魚大多以活魚或冷藏魚的方式在市場上販售，因其細刺少、質鮮美，因此深受消費者的喜愛，料理式以清蒸及紅燒為主。加州鱸魚不只供食用，也可以推廣為休閒漁業供人垂釣

金目鱸的體型為側扁的長橢圓形，背緣稍微隆起，腹緣平直，下頜比上頜突出。身體的鱗片屬於櫛鱗，側線完整且明顯，側線走向幾乎與背緣平行。背鰭單一，背鰭的硬鰭與軟鰭之間有明顯下凹，第一背鰭硬棘條較粗，外觀呈三角形，第二背鰭末端圓鈍，臀鰭外形偏圓，尾鰭形狀為圓形。身體顏色為銀褐色，背部顏色較深呈深褐色，魚鰭顏色較深呈灰黑色。

金目鱸 *Lates calcarifer*

中文種名：尖吻鱸

別稱：盲槽

外國名：Giant Perch,Barramundi,
Cock-up(澳洲，紐西蘭,泰國),Bhekti(印尼),
Siakap(馬來西亞),Perche barramundi (法國),Perca gigante(西班牙)

　　金目鱸在魚類分類上是屬於鱸亞目（Percoidei），鋸蓋魚科（Centropomidae），尖吻鱸屬（*Lates*），中文名為「尖吻鱸」，本種是在1790年由Bloch所命名發表。

　　金目鱸在台灣主要分布於西部及南部地區，大多棲息於半淡鹹水區，例如河口，且也有些金目鱸會進入河川中下游或是入海中生活，因此在近海海域、岩礁區、潟湖、河口以及河川下游皆有其蹤跡，屬於廣溫廣鹽性魚類，對環境的適應力非常好。食性為肉食性，性兇猛且貪食，以魚類或甲殼類為食。

　　金目鱸為台灣十分常見的食用魚類，也是台灣較早被食用的鱸魚之一，早期皆是捕獲野生的金目鱸，因此價格十分昂貴，當時捕獲的方式以刺網為主，全年皆可捕獲。但現在市面上所見的金目鱸都是人工養殖的，因此價格十分普及化。金目鱸的養殖技術已十分成熟，養殖場大多集中於中南部地區，可以在純淡水、純海水或半淡鹹水的環境中飼養，而台灣目前皆以純淡水養殖的方式為主。偶爾漁船還是可以捕獲野生的金目鱸，其蛋白質含量十分豐富，在民間也大多認為能促進傷口的癒合。在料理金目鱸時需特別小心魚鰭的硬棘，一不小心會被刺傷，尤其是在抓拿活魚時要更加小心。在台灣料理方式以清蒸或紅燒為主，另外也可以油煎的方式料理。

紅目甘仔　*Caranx sexfasciatus*

■中文種名：六帶鰺　　■別稱：甘仔魚、瓜仔
■外國名：Six-banded Trevally,Bigeye Trevally

紅目甘仔在魚類分類上是屬於鱸亞目（Percoidei），鰺科（Carangidae），鰺屬（*Caranx*），中文種名為「六帶鰺」，本種是在1825年由Quoy與Gaimard所共同命名發表。

台灣四周海域皆有紅目甘仔的分布，棲息範圍廣闊，岩礁區、河口、潟湖以及近海沿岸皆有其蹤跡，但主要還是以岩礁區外圍空曠的水域為主，幼魚大多出現在沿岸或河口，成魚具有群游的習性，食性為肉食性。

紅目甘仔在台灣屬於十分常見的魚，產量多而且分布範圍廣，幾乎各地的魚場皆可發現，捕獲的方式以延繩釣、定網、流刺網或一支釣為主，釣客有時也在沿岸釣獲。紅目甘仔的料理方式以油、紅燒、清蒸或鹽烤為主，有些體型大紅目甘仔，市場的魚販會先切塊後再出，也可以加工成醃製品或鹽製品。

側線走向十分特
後半段較平直的側線皆是稜

紅目甘仔的體型為側扁的長橢圓形，背緣與腹緣皆呈弧形，腹緣曲線較平緩，隨著魚齡的增長，體型會逐漸變長。吻端鈍，口裂稍微傾斜，身體的鱗片屬於圓鱗。側線完整且明顯，側線走向十分特殊，側線由鰓蓋上線開始並與背緣平行，至背鰭下方開始下降至體側中央，然後走向平直至尾柄結束，後半段較平直的側線皆是稜鱗。背鰭兩個，第一背鰭基部短且呈三角形，第二背鰭基部長，前端鰭條長且略成三角形，臀鰭的外形與背鰭相同且位置也與第二背鰭相對應，胸鰭長且呈鐮刀狀，腹鰭小，外形呈三角形，尾鰭形狀為深叉形。體色隨著魚齡而略有不同，身體的背部顏色最深，呈藍綠色，體側則多為褐色，腹部銀白色。

加納魚的體型為側扁的橢圓形，頭部的比例較大，口小且吻端較鈍，身體的鱗片是較薄的櫛鱗，有完整且明顯的側線。背鰭具有明顯的硬棘，臀鰭及腹鰭的比例較小，腹鰭第一根為較粗的硬棘，而胸鰭較長，尾鰭形狀為叉形。野生加納魚的身體顏色是紅褐色，有些個體略帶點金黃色，靠近背鰭的地方顏色較深，魚的腹部為白色，而人工養殖的體色會較黑。

加納魚 *Pagrus major*

中文種名：嘉鱲、真赤鯛（真鯛）

別稱：正鯛、加臘

外國名：Red Sea Bream,Silver Seabream,Porgy(美國加州)

有「海鮮之王」美譽的加納魚在魚類中是屬於鱸亞目（Percoidei），鯛科（Sparidae），赤鯛屬（*Pagrus*），台灣使用的中文種名為「嘉鱲」，本種在1843年由Temminck 與 Schlegel所共同命名發表。

加納魚在台灣是十分重要的高級海鮮，也是海水箱網養殖的重要魚種之一。台灣市場上所見的加納魚，大多是人工養殖，其次是野生捕獲，養殖方式以箱網養殖為主，其次是陸上池塘養殖。加納魚對鹽度的變化適應力很好，因此不用擔心鹽度問題。早期養殖的魚苗都是捕抓野生的魚苗，而目前養殖的種苗來源幾乎都是人工繁殖的種苗，但人工飼養的加納魚體色較黑，不像野生的鮮艷漂亮，所以市場上價格總比野生加納魚來得低。

加納魚因養殖及繁殖技術的開發，使加納魚在市場上越來越普遍，讓原本高級的海鮮十分平價。加納魚的食用方式以烤魚的方式最常見，而日本人則喜歡以生魚片的方式來料理新鮮的加納魚，其他以加納魚為食材的料理有蛋黃煎魚、醋椒加納魚、清蒸加納魚、橘汁加納魚等。

石　斑　*Epinephelus* sp.

■**別稱：過魚**　　■**外國名：Rockcod, Grouper**

　　所有稱為石斑的魚類都是屬於鱸亞目（Percoidei），鮨科（Serranidae），而最常被稱為石斑的種類包括了以下這幾屬：石斑魚屬（*Epinephelus*），九棘鱸屬（*Cephalopholis*），側牙鱸屬（*Variola*），光腭鱸屬（*Anyperodon*），鰓棘鱸屬（*Plectropomus*）。魚市場中所說的石斑魚幾乎都是指石斑魚屬（*Epinephelus*）這一類的石斑，這一屬的石斑體型類似，外形也差異不大，本篇就以石斑魚屬來做介紹。

　　台灣的西部以及南部海域皆有石斑的分布，石斑喜歡單獨活動不喜群居，晚上在岩礁旁活動，白天則會藏於岩縫或岩洞內休息，生性兇猛貪食，因此有「海中巖窟王」之稱。通常石斑只有在繁殖期時才會一起活動，石斑具有性轉變的特性，屬於先雌後雄的魚類，雌魚會隨著成長而逐食性為肉食性，常在早晨或是傍晚時覓食，以小型魚類及甲殼類為食，同種之間有相互蠶食的習性，在幼魚期的蠶食現象特別明顯。

　　石斑的經濟價值非常高，屬於高級的食用海產魚類，目前有數十種石斑魚已經可完全的人工養殖，幾種價格十分高的石斑也陸續繁殖成功，市場上所見的石斑魚幾乎都是人工養殖的。而野生石斑的捕抓方式以底拖網、釣獲、夜間潛水捕抓或以魚槍獵殺，石斑是釣客最喜愛的釣獲魚種

之一，目前市場上野生捕撈的石斑較少。新鮮的石斑料理方式以清蒸或紅燒最表現出石斑的美味。根據行政院最新公的「台灣世界第一」資料，其中台灣的斑魚年產值為新台幣23億元，全球市佔有率高達42%，成績傲人。

石斑的體型多半十分類似，外型也差異不大。其共同特徵之一即是厚厚的嘴唇，下頜明顯長於上頜，相當容易辨識。

口大且唇厚

石斑的體型為側扁的長橢圓形，頭頂至背鰭基部略為傾斜，吻端
鈍，口大且唇厚，口裂傾斜，鰓蓋後方具有扁棘。身體鱗片屬於
細小的櫛鱗，具有完整的側線。背鰭單且基部長，背鰭前三分
之二為硬棘，後三分之一為軟條，硬棘部與軟條部之間無下凹，
臀鰭圓，位於肛門後方，胸鰭外形為圓形，尾鰭形狀為圓形。體
色多樣，背部顏色較深，腹部顏色較淡，體側、背鰭、臀鰭以及
尾鰭皆有深色斑點分布，有的在體側還具有不明顯的斜暗帶。

石頭斑 *Ichthyscopus lebeck lebeck*

■中文種名：披肩瞻星魚、披肩螣　　■別稱： 大頭仔、眼鏡魚
■外國名： Longnosed Stargazer

　　石頭斑在魚類分類上是屬於鱸形目
（Perciformes），龍螣亞目（Trachin-
oidei），螣科（Uranoscopidae），螣屬
（*Ichthyscopus*），台灣所使用的中文種
名為「披肩瞻星魚」，本種是在1801年
由Bloch 與Schneider所共同命名發表。

　　石頭斑在台灣主要分布於西部、北部
海域，喜歡棲息在平坦且具有沙泥底質的
海床，屬於底棲性魚類，常會將身體埋在
沙層中，只露出兩個眼睛等待捕食經過的
獵物，活動力較差。食性為肉食性，以魚
類、甲殼類以及軟體動物為食。

　　石頭斑在北部常見，捕獲方式以底拖
網為主，捕獲量不算多，也是只有在漁港
內才看得到的魚種。台灣料理石頭斑的方
式是以煮湯為主。

大部分的頭部
都是屬於鰓蓋的

腹鰭

胸鰭

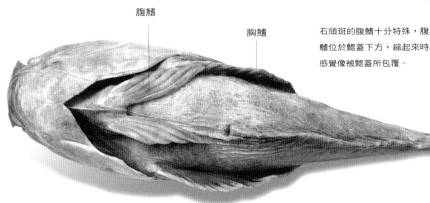

石頭斑的腹鰭十分特殊，腹
鰭位於鰓蓋下方，縮起來時
感覺像被鰓蓋所包覆。

眼小，位於頭頂

石頭斑的體型幾乎呈圓桶形，頭部最粗而後逐漸變窄，頭部的比例非常大。

體側上半部具有白色的不規則斑紋

口部十分大

石頭斑的外型特殊，大部分的頭部面積都是屬於鰓蓋的部分，口部與眼部集中於頭部前端的小區域內，眼小，位於頭頂，口部十分大，口裂是垂直的，因此石頭斑的樣子看起來很嚴肅。側線位置偏高，背鰭基部長，背鰭的高度短，腹鰭基部長，腹鰭與背鰭相對應且外形也與背鰭相同，胸鰭很大，尾鰭形狀為截形。背部的顏色為褐色，越接近腹部顏色越淡，腹部顏色為白色，體側上半部具有白色的不規則斑紋，斑紋大多呈圓形或啞鈴形，越靠近背部斑紋越明顯，而斑紋只有在身體體側上半部與胸鰭才有，胸鰭顏色為黃色。

體側具有大小不一的圓端
或橢圓形的黑色斑點

變身苦魚
Scatophagus argus

■中文種名：金錢魚

■別稱：變仙魚、黑星銀拱、金鼓

■外國名：Spotted Scad,

　　Spotted Butterfish(澳洲、紐西蘭),Common Spadefish(泰國)

變身苦魚的體型側扁且略呈方形，背鰭起點開始至吻端成一斜面，口小且略尖，上下頜長度約相等。魚體上的鱗屬於小片的櫛鱗，側線完整且幾乎與背緣互相平行。背鰭前半段為硬棘，後半段皆為軟條，背鰭的後半段軟條部分外觀形狀圓鈍，臀鰭位置約位於背鰭軟鰭處正下方的位置，臀鰭前四條鰭條為短且堅硬的硬棘。身體顏色為褐色，背部顏色很深，腹部顏色為略帶銀色光澤的白色。

變身苦魚在魚類分類學上是屬於刺尾魚亞目（Acanthuroidei），金錢魚科（Scatophagidae），金錢魚屬（*Scatophagus*），中文種名為「金錢魚」，本種在1766年時由Linnaeus所命名。

台灣四周海域皆有變身苦魚分布，變身苦魚大多棲息於鹽分較淡的海域，如河口、紅樹林、潟湖、內灣等，而近海沿岸或是岩礁區等純海水的海域也可發現其蹤跡。變身苦魚對鹽分的適應力極佳，屬於廣鹽性魚類，食性為雜食性，多以小型動物為食。

變身苦魚是台灣市場十分常見的食用魚種，早期仰賴野生捕抓，現今台灣南部地區也已進行人工養殖，養殖時多與其他經濟魚種混養。野生變身苦魚的捕撈方式大多以底拖網以及手釣為主，春夏為其盛產期。變身苦魚的料理方式以油煎或煮湯為主，不過變身苦魚的背鰭與臀鰭的硬棘十分尖銳且具有毒性，因此在處理時需特別小心。變身苦魚的幼魚外觀顏色變特殊的，因此也曾有人將其當成觀賞魚飼養或販賣。

Black

A MARKET GUIDE FOR FISHES & OTHERS

【黑色魚族】

吳郭魚　*Oreochomis* sp.

■別稱：南洋鯽、台灣鯛　　■外國名： Tilapia

大多數的吳郭魚是屬於隆頭魚亞目（Labroidei），麗魚科（Cichlidae），口孵非鯽屬（*Oreochomis*），另外也包含羅非魚屬（*Tilapia*），目前台灣看得到的吳郭魚都是以上這兩種屬的魚類。

吳郭魚是由國外引進台灣而非台灣的原生種，可在淡海水環境下存活，淡水環境的適應力非常好，河川、湖泊甚至都市的排水溝都有吳郭魚的蹤跡。吳郭魚原產於非洲，屬於湖產慈鯛，全世界共有100多種，某些種類的吳郭魚在繁殖前雄魚會挖掘底土築巢，將底土築成盆狀的巢，具有很強烈的領域性，會固守其地盤，當有其他魚進入地盤時，便會張口威嚇並驅趕入侵者。繁殖時雄魚與雌魚會一同待在盆狀的巢裡，受精卵由雌魚含在口內負責保護，幼魚孵化後會一直待在雌魚口裡，每當外面安全時，雌魚會將幼魚吐出來活動一下，一旦有危險時，雌魚會迅速將幼魚含在口裡。

吳郭魚是由非洲引進的外來魚種，在1946年由吳振輝及郭啟彰兩位先生從新加坡首次引進，為了紀念兩位前輩，而以其姓氏來命名，因此取名為「吳郭魚」，當時引進的吳郭魚稱為「在來種吳郭魚」或「土種吳郭魚」，約有15種之多，而經過專家與業者的改良，也發展出許多成長快速、肉多且易飼養的吳郭

魚。早期引進的吳郭魚因育種的需要，再加上每一品種之間很容易雜交繁殖，因此現在市面上或到處可見的吳郭魚都是雜種的吳郭魚，較純種的吳郭魚只有在相關研究單位才能看得到。

市面上販售的吳郭魚都是人工養殖的，透過研究單位與業者的努力，培育出品質且更適合養殖的吳郭魚，加上養殖技術的改進，使吳郭魚得以大量養殖。吳郭魚可說是台灣最常見也最普遍的食用魚，也是家喻戶曉的魚類，因其肉多且幾乎無刺，加上容易購買、價格低廉等優點而深受大眾的喜愛。吳郭魚也替台灣增加了不少外匯，活魚、魚排外銷世界各國，而為了將台灣的優質吳郭魚推廣到國外，於是將吳郭魚另稱為「台灣鯛」。吳郭魚的料理以油煎為主，也可以紅燒的方式料理，幾乎所有的料理方式都十分適合用來料理吳郭魚。

吳郭魚的營養價值

根據行政院衛生署的營養成分分析，每100公克重的吳郭魚所含的成分如下：熱量106Kcal，水分77克，粗蛋白20.1克，粗脂肪2.3克，灰份1.1克，膽固醇65毫克，維生素B1 0.01毫克，維生素B2 0.08毫克，維生素B6 0.38毫克，維生素B12 2.09毫克，菸鹼素2.42毫克，維生素C 4.25毫克，鈉37.3毫克，鉀402毫克，鈣7毫克，鎂33毫克，磷179毫克，鐵1毫克，鋅0.5毫克。

些品系的吳郭魚嘴唇會明顯翹起身體的鱗片屬於櫛鱗，鱗片大，線完整且平直。單一背鰭，背鰭部長，硬棘部與軟條部之間無下，背鰭末端鰭條延長，臀鰭外觀背鰭的軟條部相似，胸鰭與腹鰭長，尾鰭形狀為截形。

吳郭魚的體型為側扁的橢圓形，背緣呈弧形，吻端鈍且唇厚，身體顏色以黑褐色為主，背部顏色較深，體色會因環境與種類而異，通常體色會變得更深或更淺，有時甚至呈灰白色，腹部顏色為銀白色。魚鰭大多數有灰白色的小點，小點規則排列成線狀，體側大多具有暗色的粗橫帶，尤其當魚受驚嚇時特別明顯。

海水吳郭魚的體型為側扁的橢圓形，背緣呈弧形，吻端鈍且唇厚，有些品系的吳郭魚甚至嘴唇會明顯的翹起。身體的鱗片屬於櫛鱗，鱗片大，側線完整且平直。單一背鰭，背鰭基部長，硬棘部與軟條部之間無下凹，背鰭末端鰭條延長，臀鰭外觀與背鰭的軟條部相似，胸鰭與腹鰭形略長，尾鰭形狀為截形。海水吳郭魚的體色比一般吳郭魚要黑很多，且略帶點光澤，體型會比一般吳郭魚來得小，甚至感覺有點瘦小。

海水吳郭魚 *Oreochromis* sp.　■別稱：鹹水吳郭魚

將吳郭魚飼養在具有鹽分的水中就成了「海水吳郭魚」，海水吳郭魚與一般吳郭魚一樣是屬於隆頭魚亞目（Labroidei），麗魚科（Cichlidae），口孵非鯽屬（Oreochromis）。

海水吳郭魚與一般淡水吳郭魚都是同一種魚類，只是因生活環境的差異而使兩者的肉質或是外形有些差異。海水吳郭魚是指生活在半淡鹹水或是純海水中的吳郭魚，因海水鹽分的關係使海水吳郭魚有別於一般的淡水吳郭魚，其價格也比一般的吳郭魚高些。吳郭魚在海水的環境下生長較為緩慢，因此養殖業者通常將吳郭魚在

淡水環境中飼養一段時間後，再移到海中養殖，如此可使吳郭魚在淡水環境下速成長，而移到海水中則使其肉質更加嫩。

海水吳郭魚的肉質比一般吳郭魚細許多，因此深受大眾的喜愛。許多種類吳郭魚都適合在海水中飼養，其中以原種的吳郭魚最適合，這類的海水吳郭魚型十分小，體長大多只有10來公分大但因肉質佳且味美，因此特別受歡迎。水吳郭魚在台灣的料理方式幾乎都是加味料一起紅燒或蒸煮。

珍珠石斑的體型為側扁的橢圓形，吻端鈍，口大，下頜比上頜突出，而上頜稍可伸縮。背鰭基部長，臀鰭外形及大小與背鰭相似，臀鰭位於背鰭的正下方與背鰭相對，胸鰭圓，尾鰭形狀幾近圓形。體色底色為暗黑綠色，全身密佈白色不規則的斑點，或由白色斑點串聯起來的不規則紋路所構成，頭部則有深綠色不規則的花紋，尤其在兩頰處最為明顯。各魚鰭硬棘部分的顏色與體色有相似的花紋，其餘軟鰭的顏色是由與鰭條垂直的藍黑色與白色相間的細紋所構成。幼魚的體色較為淺淡，且有7個黑色大斑塊排列在側線處，有的斑塊是分開而有的會連在一起。

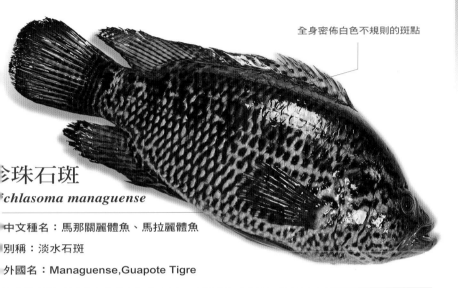

全身密佈白色不規則的斑點

珍珠石斑
chlasoma managuense

中文種名：馬那關麗體魚、馬拉麗體魚
別稱：淡水石斑
外國名：Managuense, Guapote Tigre

　　珍珠石斑在魚類分類上是屬於鱸形（Perciformes），慈鯛科（Cichlidae）麗體魚屬（*Cichlasoma*），中文種名「馬那關麗體魚」，此於種在1867年由Günther所命名發表。

　　珍珠石斑並非台灣的原生魚類，原於中美洲的哥斯達黎加南部至宏都拉的淡水水域，在當地的河川、湖泊或澤地皆可發現蹤跡，喜歡棲息於具有泥底質與茂密水草且水流極為緩慢的境，對環境的適應力非常好。食性為食性，生性兇猛且貪食，以魚類、蝦或是昆蟲為食。繁殖期間具有築巢產的習性，並且有保護幼魚的行為。

　　珍珠石斑在台灣屬於外來種，早期引進是做為觀賞用及食用魚，其適應力很強且成長迅速，曾是新興的養殖魚種之一，但因市場接受度不佳，因此現在已少見珍珠石斑的養殖。養殖的珍珠石斑不僅供應餐廳及市場的需要，也是休閒漁業中供人垂釣的魚種之一。雖然現在幾乎沒有人養殖珍珠石斑，但台灣的淡水水域卻成為珍珠石斑的另一個新天地，因其生性兇猛且貪食，早已造成台灣原生魚類的危機，也對台灣的淡水水域造成重大的生態影響。珍珠石斑比較適合以清蒸或是紅燒的方式料理。

銀板魚的體型側扁且外形偏圓形，頭部小，吻端鈍，下頷略比上頷長，口內具有明顯的齒，側線完整且走向較平直，鱗片細小。背鰭兩個，第一背鰭大，位於背緣中央處，第二背鰭十分小，位置十分接近尾柄，臀鰭大且基部長，腹鰭位於臀鰭前方，介於胸鰭與臀鰭之間，尾鰭大且形狀為叉形。身體顏色為銀黑色，成魚的體色較深，尾鰭後緣以及臀鰭的下緣為黑色邊。

第一背鰭大

銀板魚 *Piaractus brachypomus*

■中文種名：大銀板魚魚　　■別稱：食人魚、淡水白鯧

■外國名：Tambaqui,Pirapatinga

銀板魚在魚類分類上是屬於脂鯉目（Characiformes），脂鯉科（Characidae），肥脂鯉屬（*Piaractus*），中文種名為「大銀板魚」，本種在1817年由Cuvier所命名發表。

銀板魚為外來的魚種，原產於亞馬遜河的中游以及下游流域，因外表與食人魚很相似，因此常被誤認為是食人魚。幼魚會模仿食人魚的習性，食性為雜食性，以魚類、甲殼類或水草為食。

台灣並非銀板魚的原產地，是在198□年由業者自巴西引進，牠們在原產地是□分重要的食用魚，具有生長快速、抗病□強、對環境適應力佳以及易於飼養等優□，因此在台灣也推廣養殖，原本目的只□供做食用魚，但因其外表很像食人魚，□此有一陣子牠們也被當成觀賞魚販賣或□養。銀板魚的體厚肉質多細刺少，料理□式以油煎為主。

鯽　魚　*Carassius auratus*

■中文種名：鯽魚　　■別稱：土鯽、鯽仔、本島鯽、本島仔
■外國名：Crucian Carp(美國加州),Goldfish(美國加州,泰國),
　Golden Carp(泰國),Ikan Mas(馬來西亞),Poisson rouge(法國),Pez rojo(西班牙)

鯽魚在魚類分類上是屬於鯉科（Cypri-dae），鯽屬（*Carassius*），中文種名「鯽魚」，本種是在1758年由Linn-us所命名發表。

鯽魚原產於中國，早期的移民將鯽魚引入台灣，目前全台灣各淡水水域皆可發現，牠們最喜歡棲息在具有水草或是沿岸很多雜草的淺水水域，非常敏感，警覺性很高，冬天棲息於水底深處，夏天才會靠近較淺的河岸。食性為雜食性，3月至月為繁殖季節。

鯽魚因適應力很強，因此在台灣不少水域裡都還可以發現，而市場上所販賣的鯽魚大多是養殖的，其養殖十分容易而且產量也大，是台灣十分常見的淡水魚類。

鯽魚可說是用途十分廣泛的魚類，因具有某些療效而深受民眾的喜愛，因此大多是當補品來食用比較多，而其他鯽魚的料理也十分多樣化，除了一般的清蒸、紅燒或油炸外，還有蔥烤鯽魚、鯽魚筍片湯、醬燒鯽魚以及豆瓣鯽魚等。

鯽魚的身體顏色為銀黑色，背部顏色較深，呈銀黑色，腹部顏色較淺，呈銀白色，所有的魚鰭顏色皆為灰黑色。其體型側扁，頭部上方至背部為弧形，腹部圓，因此整體上魚的體高顯得較高，吻端圓鈍，口下方不具有鬍鬚，身體上的鱗片為較大的圓鱗，具有完整的側線。

黑毛的體型為側扁的橢圓形，頭部短，吻端鈍，身體
片為櫛鱗，堅硬不易脫落，鰓蓋上方部分披有細鱗，
完整的側線。尾鰭末端內凹，呈弧形，屬於內凹的截
身體顏色為灰褐色或黑褐色，各魚鰭的顏色與身體相

黑　毛　*Girella punctata*

■■中文種名：瓜仔鱲、斑魠　　■■別稱：粗鱗仔、梅雨黑毛、菜毛、粗鱗黑毛
■■外國名：Greenfish,Nibbler(美國加州),Rudderfish,Largescale Blackfish

　　黑毛在分類上屬於鱸亞目（Percoidei），舵魚科（Kyphosidae），瓜子鱲屬（*Girella*），台灣使用的中文種名為「瓜仔鱲」，本種在1835年由Gray所命名發表。另外同屬舵魚科的黃帶瓜仔鱲（*Girella mezina*）與黑瓜仔鱲（*Girella leonina*）也同樣被稱為黑毛，但大部分所指的黑毛是指瓜仔鱲（*Girella punctata* ）。

　　台灣四周海域都有黑毛分布，喜歡棲息於岩礁區，尤其是海流較強且深的外礁區海域。食性為雜食性，夏天捕食小型動物，冬天喜食海藻，因此黑毛幾乎只在岩礁周圍活動，棲息水深約1至30公尺深。黑毛在每年11月至翌年3月會於北台灣沿海大量出現，每當東北季風開始時，黑毛便會陸續靠岸，所以天氣冷的

季節裡比較容易找到黑毛。水溫偏高的
月很難在沿岸見到黑毛的蹤跡，有時一
到5月都消失不見蹤影，但每當梅雨季
臨時，海水的溫度開始降低，黑毛又會
漸靠岸，所以又有「梅雨黑毛」之稱。
年大概10月開始黑毛陸續出現在沿海
11月達高峰期，12月數量逐漸減少，
曆年後一直到3月為黑毛的繁殖期，這
期間黑毛在沿岸的數量也很多。

　　黑毛的捕抓非常不易，在魚市場裡
到的黑毛大多是磯釣客釣獲的，其次則
定置網或近海底刺網捕抓。因為黑毛生
機警，不易釣獲，喜愛磯釣的釣友公認
毛是最具挑戰性的魚種之一。黑毛在台
的料理方式以清蒸最常見，也最能表現
毛肉質的美味，此外也十分適合煮湯。

黑豬哥 *Prionurus scalprus*

中文種名：鋸尾鯛、三棘多板盾尾魚　　■別稱：剝皮仔

外國名：Saw-tailed Surgeonfish

　　黑豬哥在魚類分類上是屬於刺尾魚目（Acanthuroidei），刺尾魚科（Acanthuridae），多板盾尾魚屬（Prionu-），台灣使用的中文種名為「鋸尾鯛」，本種在1835年由Valenciennes所命名。

　　台灣四周海域皆有黑豬哥的分布，只息於岩礁區或珊瑚礁區，成魚具有群游習性，常在岩礁區之間或是在上方的水活動。尾柄上有一如刀刃般鋒利的脊是來防衛用，食性為雜食偏草食性，幾乎討著性藻類為主要食物，不過也會攝食些底棲生物。

　　黑豬哥在台灣是屬於常見的海產食用魚類，台灣全年皆可捕獲，捕獲的方式以延繩釣為主，釣磯釣的釣友也常可釣獲，只要東北季風一開始，便是釣黑豬哥的海釣期。黑豬哥的料理十分方便，各種方式皆適宜，但料理前需要剝皮處理，尤其要留意尾柄上銳利的脊，以免割傷。另外黑豬哥的肉質易有藻腥味，因此需要先將血液去除洗淨，剝皮之後再將顏色較深的肌肉去除，在煮湯前須先以熱水燙過後再下鍋，如此比較容易去除黑豬哥的藻腥味。

柄兩側各具
三個黑圓斑

黑豬哥的體型為橢圓形，幼魚呈圓形，背緣與腹緣呈弧形，尾柄細小且具有突出的脊，吻端鈍且向外突出，口小，上下頜長度約等長。鱗片屬於細小的櫛鱗，體表觸感粗糙，側線完整。背鰭的基部長，幼魚的背鰭較高，尾鰭形狀為內凹形。身體的顏色為灰黑色，有些個體的顏色較黑，尾柄兩側各具有三個黑圓斑，此為黑豬哥最主要的特徵。尾鰭的顏色為灰黑色，末端為白色，幼魚的尾鰭顏色則為白色。胸鰭、腹鰭以及臀鰭的顏色與體色相似，或比體色深。

石鯛（斑石鯛）*Oplegnathus punctatus*

■中文種名：斑石鯛　　■別稱：黑嘴、斑鯛、硬殼仔

■外國名：Parrot-bass,Rock Porgy,Spotted Knifejaw

　　斑石鯛在魚類分類上是屬於鱸亞目（Percoidei），石鯛科（Oplegnathidae），石鯛屬（*Oplegnathus*），中文種名為「斑石鯛」，本種在1844年由Temminck與Schlegel所共同命名發表。

　　台灣四周海域皆有石鯛分布，主要棲息於沿海的岩礁區。食性為肉食性，利用堅硬且銳利的齒來捕食海膽、螺類以及貝類，特別喜歡捕食具有堅硬外殼的底棲生物。產卵期約在4至6月間，此期間石鯛會靠近沿岸來產卵。

　　石鯛具有「磯底物釣之王者」、「磯釣之霸」等稱號，因為牠們是磯釣釣友公認最具挑戰性的魚種，主要是因為石鯛類皆具有銳利而堅硬的牙齒，加上牙齒的力道很強，能輕易咬斷釣線，因此釣石鯛必須有特殊的釣法及裝備。在台灣磯釣釣石鯛是相當新興的海釣法，但在日本早已很興盛，可能是因為日本的石鯛產量比較多，不僅有釣石鯛的釣具專賣店，也有專屬的網站討論石鯛的釣法。除此之外，石鯛也有「夢幻之魚」的稱號，是高級的海產魚類，由於產量不多，可說是供不應求，除了一般釣友釣獲以外，其他捕抓的方式有底拖網及延繩釣。品嚐石鯛的最佳季節是在夏季，此時新鮮的石鯛以生魚片的方式料理是最美味的，除此之外，還可以用油炸的方式或煮湯來料理。

魚鰭顏色幾乎皆ㄞ

▲

斑石鯛的體型為側扁的卵圓形，魚體寬高，吻端鈍，口小，牙齒與頷骨癒合成堅硬的鳥嘴狀。鱗片屬於櫛鱗，鱗片十分細小。背鰭只有一個，硬棘部與軟條部之間內凹，臀鰭的外形與背鰭的軟條部相同，且位置也與其相對應，尾鰭稍微內凹。身體顏色為帶有銀色光澤的鐵灰色，全身密布著大小不一的黑色斑點，

石鯛（條石鯛）

Oplegnathus fasciatus

■中文種名：條石鯛

■別稱：海膽鯛、黑嘴

■外國名：Parrot-bass,Japanese Parrotfish,Rock Porgy

　　條石鯛在魚類分類上是屬於鱸亞目（Percoidei），石鯛科（Oplegnathidae），石鯛屬（*Oplegnathus*），中文種名為「條石鯛」，本種在1844年由Temminck與Schlegel所共同命名發表。

身上具有7條黑色的寬橫帶
第一條橫帶位於頭部
且通過眼睛

　的體型為側扁的卵圓形，魚體寬高，吻端鈍，有完整的側線，側線的前三分之一呈弧形，直到
丙處才變得較平直。鱗片屬於櫛鱗，鱗片十分細小。背鰭只有一個，硬棘部與軟條部之間下凹
的外型與背鰭的軟條部相同，且位置也與其相對應，臀鰭的前兩根鰭條為堅硬的短硬棘，尾鰭
為微內凹。身體顏色為灰褐色，身體的前半部與背部的體色有時較暗淡，身上具有7條黑色的
第一條橫帶位於頭部且通過眼睛，腹鰭與臀鰭顏色為黑色。

黑 格 *Acanthopagrus schlegeli*

■中文種名：黑鯛、黑棘鯛　　■別稱：烏格、厚唇

■外國名：Black Seabream,Pikeybream

黑格在分類上屬於鱸亞目（Percoidei），鯛科（Sparidae），棘鯛屬（*Acanthopagrus*），台灣使用的中文種名為「黑鯛」，本種在1854年時由Bleeker所命名發表。

黑格為台灣常見的海產魚類之一，也是中南部重要的海水養殖魚種，分布於日本、韓國、中國以及台灣的周圍海域，屬於棲息內灣性底棲魚類，常在河口、內灣以及沿岸出沒，尤其喜歡棲息於具有沙泥底質的內灣。黑格對環境的適應力非常強，屬於廣溫廣鹽性的魚類，但如果溫度低於5℃，還是會有死亡的情形發生。食性為雜食性，性貪食，喜食貝類、甲殼類以及多毛類，有時也會攝食海藻，平時會靠近沿岸活動，但溫度較低的秋冬季節會遷移至較深的水域。黑格有性轉變的特性，屬於先雄後雌，未成熟的黑格都是雄魚，成熟後的黑格會轉變為雌魚，因此雌魚必定都比雄魚大上許多。2月至5月為黑格在台灣的繁殖季節，而以4月最盛，因此3月開始可在台灣的河口、沿岸捕撈到黑格的魚苗。

黑格是台灣海水養殖的重要魚種之一，養殖方式以箱網養殖為主或是陸上池塘養殖，因人工繁殖技術的提昇，黑格已可在養殖池內自然產卵，而且放養的⬛苗可以不必仰賴天然魚苗的捕撈，因⬛黑格的產量十分穩定。養殖黑格以中⬛部沿海的魚塭最多，離島澎湖則是以⬛網養殖黑格。

市場上所看到的黑格以人工養殖的⬛多，但也有由近海漁業所野生捕獲的⬛生黑格，或是由釣客所釣獲，因黑格⬛肉質鮮美，也是釣客最喜愛的魚獲之一⬛。台灣最常以紅燒或鹽燒等方式料理⬛格，新鮮的黑格也是生魚片的最好材⬛之一。

黑格的營養價值

根據行政院衛生署的營養成分分析，每100公克重的黑格所含的成分如下：熱量163Kcal，水分70.7克，粗蛋白19.5克，粗脂肪8.8克，灰份1.7克，膽固醇93毫克，維生素B1 0.23毫克，維生素B2 0.31毫克，維生素B6 0.22毫克，維生素B12 7.31毫克，菸鹼素6.80毫克，鈉66毫克，鉀367毫克，鈣7毫克，鎂9毫克，磷208毫克，鐵0.9毫克，鋅0.8毫克。

格的體型為側扁的橢圓形，體高較高，背緣高。其頭部前端
尖，上下頜等長，身體的鱗片屬於較薄的櫛鱗，體側具有完
且明顯的側線，側線起始於鰓蓋上緣，結束於尾柄。背鰭具
明顯的硬棘，臀鰭及腹鰭的比例較小，腹鰭第一根為較粗的
棘，而胸鰭不寬但較長，尾鰭形狀為叉形。

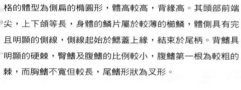

黑格的身體顏色為黑灰色
且具有銀色光澤，各魚鰭
除胸鰭為橘黃色外，其餘
皆為黑褐色。

黑　鯧 *Parastromateus niger*

■中文種名：烏鯧、烏鰺　　■別稱：烏昌

■外國名：Black Pomfret(世界農糧組織、澳洲、紐西蘭、印度、泰國),
　　Garangu(印度),Bawal hitam(馬來西亞),German Fish(美國加州),
　　Castagnolinec noire(法國),Palometa negra(西班牙)

　　黑鯧在魚類分類是屬於鱸亞目（Per-coidei）鰺科（Carangidae）烏鰺屬（*Parastromateus*），台灣使用的中文種名為「烏鯧」，本種在1795年由Bloch所命名發表。

　　台灣四周海域幾乎皆有黑鯧分布，但以西南部較常見，主要棲息於具有沙泥底質的近海海域，常活動於潮流緩慢的的環境，白天大多在海底底層活動覓食底棲生物、浮游性甲殼類或小型魚類，而晚上則會游至上層水域。黑鯧有季節性洄游的習性，冬天棲息的範圍較集中，活動範圍也較狹窄，每當春天海底的暖流增強，黑鯧會由較深的海域遷移至較淺處產卵，產卵後仍停留在沿海的淺水區域覓食及活動，直至水溫降低後才會遷移至較深的海域。

　　台灣漁民捕抓黑鯧方式以流刺網或拖網為主，以10月至翌年3月為黑鯧的盛產期，為高級食用魚。黑鯧的料理方法大多以清蒸、紅燒或油炸為主，尤其體型較小的鯧魚幾乎都是以油炸來料理。

黑鯧的營養價值

根據行政院衛生署的營養成分分析，每1○○公克重的黑鯧魚所含的成分如下：熱○92Kcal，水分78克，粗蛋白20.4克，粗脂○0.5克，灰份1.4克，膽固醇51毫克，維生○B1 0.23毫克，維生素B2 0.18毫克，維生○B6 0.18毫克，維生素B12 1.96毫克，菸○素5.30毫克，維生素C 0.6毫克，鈉114毫○，鉀608毫克，鈣8毫克，鎂31毫克，磷2○毫克，鐵0.6毫克，鋅0.6毫克。

黑鯧的體型為側扁的卵圓形，頭部小，吻端鈍圓，尾柄細，上頜比下頜突出，口小，內有細齒，背緣以及腹緣呈弧形。鱗片屬於易脫落的細小圓鱗，尾鰭則具有菱鱗，側線位置偏高。其背鰭及臀鰭的前端鰭條較長，幼魚時期會特別明顯，胸鰭的比例大，幼魚時期具有腹鰭，但會逐漸退化消失，胸鰭十分長，尾鰭形狀為叉形，末端較尖但沒有延長，尾鰭的外型類似燕子的尾巴。身體顏色為銀灰黑色，背部顏色較深，魚鰭顏色深。

海燕的體型圓且略側扁，頭部圓鈍，頭緣高且圓，吻端鈍，上下頜約等長，口小，眼小。身體的鱗片屬於櫛鱗，鱗片小，具有完整且成弧形的側線。背鰭只有一個，背鰭的鰭高很高，臀鰭外形與背鰭相似，腹鰭長，尾鰭形狀在幼魚期時為內凹形，成魚則變成雙內凹形。身體顏色為黑褐色，體側具有深色的橫帶，位於頭部的橫帶最為明顯，腹鰭以及胸鰭顏色為黑色，臀鰭、背鰭以及尾鰭的魚鰭邊緣為黑色。幼魚體色為紅褐色，背鰭以及臀鰭的鰭高較高。

海 燕 *Platax orbicularis*

■■中文種名：圓眼燕魚、圓燕魚　　■■別稱：蝙蝠魚、圓海燕、咬破婆毛

■■外國名：Narrow-banded Batfish (澳洲、紐西蘭),Round Batfish,Round waferfish(泰[

　　海燕在魚類分類上是屬於刺尾魚亞目（Acanthuroidei），白鯧科（Ephippidae），燕魚屬（*Platax*），台灣使用的中文種名為「圓眼燕魚」，本種在1775年由Forsskal所命名發表。

　　台灣除了西部沿海沒有分布以外，其餘海域皆可發現海燕的蹤影，海燕主要棲息於岩礁區邊緣，也會出現在河口或是潟湖，成魚屬於群棲性，至少會有兩尾以上一起活動，大多在岩礁區的斜坡處活動。海燕白天才會出現，晚上多半躲在岩礁裡休息，幼魚大多在沿海水深較淺的海域[　獨行動，幼魚為了尋找保護，常躲藏在[　面漂浮物的下面。

　　海燕不只可以食用，幼魚因體態特[　而被當成觀賞魚，在台灣野生捕獲的海[　以拖網、延繩釣或圍網等方式為主，捕[　的都是體型較大的成魚，但數量不多也[　穩定。除了野生捕獲外，台灣也有人工[　殖養殖的海燕，目前人工養殖的數量並[　是很多。海燕的身體厚，肉多，肉質佳[　食用方式以油煎為主。

柴　魚 *Microcanthus strigatus*

■中文種名：柴魚、細刺魚　　■外國名：Hardbelly,Stripey,Butterflyfish
■別稱：花身婆、斑馬、米桶仔、條紋蝶、口難盤仔

　　柴魚在魚類分類上是屬於鱸亞目
（Percoidei），舵魚科（Kyphosidae）
細刺魚屬（*Microcanthus*），台灣使用
的中文種名為「柴魚」，本種在1831年
由Cuvier所命名發表。

　　台灣四周海域皆有柴魚的分布，屬於
咸水性魚類，主要棲息於沿岸的岩礁地區
也可在潟湖與沿岸邊發現其蹤跡。食性
為雜食性，常以藻類、浮游動物或是無脊
椎動物為食。

　　台灣全年皆有產柴魚，但因本種數量
不多，在市場上較少，甚少人食用，因此
價錢頗高。捕撈的方式以刺網、手釣或是
潛水徒手捕捉為主。因其顏色艷麗，因此
也常被當成觀賞魚飼養。

背鰭起點開始至吻端成一斜面
身體具有五條由左上向右下
傾斜的黑色縱帶

柴魚的體型側扁且略呈方形，背鰭起點開始至吻端成一斜面，口小且略尖，上下頜長度約相等。
背鰭前半段為硬棘，後半段皆為軟條，軟條外觀形狀圓鈍；臀鰭位置約位於背鰭軟條正下方的位
置，臀鰭前四條鰭條為短而且堅硬的硬棘。體色為黃褐色，身體具有五條由左上向右下傾斜的黑
色縱帶，另外背鰭與臀鰭亦有黑色縱帶貫穿，除了尾鰭為半透明以外，其餘魚鰭皆為黃色。

鮸仔的體型為側扁的長方形，頭型偏圓，眼睛的比例大些，吻端鈍不突出，上下頜約等長，口裂大且傾斜。頭部鱗片幾乎都是圓鱗，而身體其他部分的鱗片則為櫛鱗。單一個背鰭，背鰭的基部長且硬棘部與軟條部之間有明顯下凹，腹鰭基部位於胸鰭基部下方，胸鰭寬度窄且長，尾鰭形狀為楔形，尾柄細長。體色為銀黑褐色，背部與魚鰭的顏色較深。

海鱸的體型呈長筒型，頭部寬扁，口裂為水平裂，眼睛小，具有完整的側線，尾柄上無稜脊，背鰭的前端具有多根短小且互相分離的硬棘，鰭的軟條及臀鰭的基部長，且兩者形狀相似，鰭形狀為內凹形，胸鰭較細長。海鱸的身體顏色以黑褐色為主，背部顏色較深，腹部顏色為淡色，體側有兩條明顯的銀色縱帶，除胸鰭顏色深外，其餘的魚鰭皆為深褐色。

▼

鮸　仔

Miichthys miiuy

■中文種名：鮸魚

■別稱：敏仔魚

■外國名：Brown Croaker(美國加州),
　　　　　Jewfish(澳洲、紐西蘭)

鮸仔在魚類分類上是屬於鱸亞目（Percoidei），石首魚科（Sciaenidae）鮸屬（*Miichthys*），中文種名為「鮸魚」，本種是在1855年由Basilewsky所命名發表。

台灣中部以北的海域皆有鮸仔的分布，喜歡棲息於沙泥底質的沿岸海域，常在較混濁的海域中活動。白天大多在底層活動，晚上在中上水層，具有產卵洄游之習性，夏季為繁殖期，冬季水溫低時會遷移至深處或往南部海域遷移。食性為肉食性，以體型較小的魚類及甲殼類等為食。

鮸仔在台灣是蠻受歡迎的海產食用魚，民間一句俗語：「有錢吃鮸，沒錢免吃」，可知鮸仔在早期屬於高級的食用魚，現在也是十分受歡迎的魚種，台灣的東北部與西北部沿海產量較多，捕獲方式以底拖網與延繩釣為主。各種方式皆適合料理鮸仔，冬季至春季是鮸仔最美味也是產量最多的季節。

體側有兩條明顯的銀色縱帶

海鱺 *Rachycentron canadum*

▋中文種名：海鱺、軍曹魚　　▋別稱：海麗仔、鯨龍魚

▋外國名：Cobia(美國加州、澳洲、紐西蘭、泰國),Black Kingfish,
　Sergeantfish(澳洲、紐西蘭、泰國),Prodigal son,Runner(泰國)

　　海鱺在魚類分類上是屬於軍曹魚科（Rachycentridae），軍曹魚屬（Rachycentron），台灣使用的中文種名「海鱺」，本種在1766年由Linnaeus命名發表。海鱺只有一屬一種。

　　海鱺廣泛分布於全世界的溫暖水域，台灣四周海域也有海鱺的分布，棲息環境大多在外海的大洋區或是沿岸區，屬於大型洄游性的魚類，體長一般可達1.5公尺，體重可重達40公斤。食性為肉食性，其性兇猛且貪食，成魚時以捕食其他魚維生，每年的4月至9月為海鱺的繁殖期。

　　現在海鱺成為箱網養殖最主要的魚種，因其對環境的適應能力佳、不挑食、繁殖容易、肉多質佳、具有市場潛力，加上海鱺的生長速度十分快速，因此有了「海」這個外號，目前市場上所見的海鱺皆為人工養殖的。而野生海鱺的捕獲季節大多在3至5月之間，以清明節前後最多，魚獲方式以底拖網、流刺網以及延繩釣等，有時船釣也可釣獲。

　　海鱺會大受歡迎的主要原因在於其高度的利用性，幾乎整隻魚皆可食用，又可以加工製造成各式各樣的生鮮產品，同時其肉質佳，也可以做成生魚片，加上營養成分豐富，因此成為推廣的主力魚種。

　　海鱺的料理方式很多，新鮮的魚大多以生魚片為主，因魚體型較大，也可以用一魚多吃的方式料理，其他以海鱺為食材的料理還包括茄汁海鱺、糖醋海鱺、海鱺烤排、三杯海鱺、椒汁海鱺魚、醋溜海鱺魚片、梅香海鱺、海鱺黃金捲、煙燻海鱺、鱺肝魚肉捲、棉花海鱺等多樣美食。

沙毛的口部靠近下面，口部周圍具有四對鬚，分別是一對鼻鬚、頦鬚兩對以及一對上頜鬚。其體型長，頭部大，腹部略為膨大，身體後半部逐漸側扁，身體並無鱗片覆蓋。背鰭兩個，第一背鰭是由一根很粗的短硬棘構成，第二背鰭的基部長，會延伸至尾鰭，而與尾鰭、臀鰭連接在一起，鰭皆由軟條構成且高度低，胸鰭位於鰓蓋後方，第一根胸鰭為較粗的硬棘。成魚身體的顏色為深灰黑色，體側具有兩條淺黃色縱帶，幼魚的體色較鮮豔，身上具有白色的縱帶，魚鰭為略為透明的白色。

口部周圍具有四對鬚

沙毛　*Plotosus lineatus*

■中文種名：鰻鯰、線紋鰻鯰　　■別稱：地震魚、海土虱

■外國名：Striped Catfish, Striped Eel Catfish, Striped Catfish-eel

　　沙毛在魚類分類是屬於鯰形目（Siluriformes），鰻鯰科（Plotosidae），鰻鯰屬（*Plotosus*），台灣使用的中文種名為「鰻鯰」，本種在1787年由Thunberg所命名發表。

　　台灣四周海域皆有沙毛分布，大多棲息在岩礁區周圍，也會出現在河口，甚至游至鹽分很淡的淡水水域。屬於群棲性魚類，經常一整群沙毛擠在一起，尤其是幼魚常會擠成球形的沙毛群。屬於夜行性魚類，白天會成群擠在岩洞內休息，食性為肉食性，以小型魚類或甲殼類為食。背鰭以及胸鰭的硬棘具有毒腺，被硬棘刺傷後會造成劇烈的疼痛。

　　沙毛在市場很少見，因魚鰭上的硬棘具有毒素，不慎刺傷需就醫治療，嚴重時甚至會有生命危險，毒性與毒蛇差不多，屬於危險魚類之一，在民間的俗語：「一魟，二虎，三貓」，三貓就是指沙毛，這幾種都是指有毒的魚類，因此市場上不易看到沙毛。沙毛也是漁民最討厭的魚種之一，原因除了魚鰭具有毒素，處理時很危險，又加上經濟價值很低，所以很少在市場出現。但偶爾還是可以在市場看到沙毛，有時釣客也會釣到，雖然可以食用，但應特別小心魚鰭上的硬棘，如不慎被刺傷，應盡快將傷口的血液擠出並就醫治療

頭頂特化為平坦的吸盤

清道夫的吻端鈍且扁平，下頜明顯突出，口大，尾柄細長。覆蓋身體的鱗片屬於較小的圓鱗。背鰭有兩個，第一背鰭特化為頭頂上的吸盤，第二背鰭基部長，起始位置位於身體中央，臀鰭的外觀與第二背鰭相同，位於第二背鰭正下方與其相對，尾鰭形狀細長。清道夫的身體顏色呈灰黑色或是棕黃色，體側具有細長的暗色縱帶，縱帶起始於下頜一直延伸至尾柄末端。清道夫的體型長，頭部扁平而魚體為圓桶形，頭部與頭頂的吸盤不具有鱗片。其頭頂特化為平坦的吸盤，吸盤部分是由第一背鰭演化而成。

清道夫　*Echeneis naucrates*

中文種名：長印魚、鮣

外國名：Slender Sucker Fish(澳洲、紐西蘭),Remore(南非),
SharkSucker,Slender Suckerfish,White Tailed Suckerfish,Live Shark-sucker

清道夫在魚類分類上是屬於鱸亞目（Percoidei）鮣科（Echeneidae）鮣屬（*Echeneis*），台灣使用的中文種名為「長印魚」，本種在1758年由Linnaeus命名發表。

台灣四周海域皆有清道夫的分布，清夫具有特殊的外形及習性，喜歡在大洋活動，常利用頭頂的吸盤吸附在其他大魚類或大型物體上，例如鯨魚或是鯊魚大型海洋生物是清道夫最喜歡的吸附對象，有時也會吸附在漁船底下。

清道夫除了吸附外，也可獨立地四處游動。吸附在大型海洋生物上的清道夫以撿食被吸附生物在攝食時產生的食物碎屑，除了撿食別人吃的碎屑外，也會單獨活動捕食淺海的無脊椎生物。

在台灣魚市場較少見到清道夫，因其肉質不佳，不是很受消費者的喜愛，因此漁民並不會刻意捕抓，而市場所看到的清道夫都是因捕抓鯊魚或其他大型魚類時順便抓到的。

A MARKET GUIDE FOR FISHES & OTHERS

【 蝦蟹一族 】

泰國蝦

Macrobranchium rosenbergii

中文種名：羅氏沼蝦

別稱：淡水長臂大蝦

外國名：Giant River Shrimp

第二步足十分發達，呈長鉗狀

　　泰國蝦在甲殼類的分類上是屬於十腳
，長臂蝦科（Palaemonidae），中文
名為「羅氏沼蝦」，本種在1879年時
De Man所命名發表。

　　泰國蝦盛產於東南亞地區，如泰國、
己、馬來西亞等，在淡海水環境皆可生
，喜歡棲息於受潮水影響的河川下游，
且可在湖泊或水田中發現，幼蝦及成蝦
多棲息於淡水的環境內，當母蝦交配後
包卵的母蝦會順流而下，到半淡鹹水的
或產卵，因泰國蝦的幼生期必須在含有
午鹽分的環境下才能順利發育，這也是
十麼雌蝦會到有鹽分的河口產卵的主要
因。泰國蝦的食性為雜食性，以小型水
動物、甲殼類、水生昆蟲、藻類為食。

　　台灣原本並不產泰國蝦，泰國蝦是在
國59年時水產專家林紹文博士由泰國引
台灣，現已成為台灣蝦類養殖的主角之
，泰國蝦在台灣不僅是常見的食用蝦類
對於休閒漁業的釣蝦業者也是十分重要
重類。在台灣料理泰國蝦大多以清蒸、
暴或是鹽烤等三種大眾化的方式為主，
外胡椒蝦也是一種極為創新的新吃法，
其他以泰國蝦為食材的料理還包括香燒
國蝦、泰式麻辣炒。

泰國蝦的額角基部隆起，頭胸甲比例大，年齡
越大，其頭胸甲會越大，顏色為深藍色且表面
有小棘與細毛，體色為黃綠色。其第二步足十
分發達，呈長鉗狀，此為泰國蝦最大的特徵，
第二步足的長度通常比身體長，而且雄蝦的長
鉗比雌蝦粗大且長。

厚殼蝦 *Trachypenaeus curvirostris*

■中文種名：彎角鷹爪對蝦　　■別稱：猿蝦、白鬚蝦

■外國名：Southern Rough Shrimp

　　厚殼蝦在甲殼類的分類中是屬於十腳目（Decapoda），對蝦科（Penaeidae），中文種名為「彎角鷹爪對蝦」，本種在1860年由Stimpson所命名發表。

　　台灣四周海域皆有厚殼蝦的分布，棲息在較深的海域，喜歡在具有沙泥底質的海域活動，目前本種生態習性研究不多。

　　厚殼蝦的產量多，全年皆可捕獲，而以3月至4月的捕獲量最多。厚殼蝦殼既厚且堅硬，因此消費者的接受度較差，價格也比一般蝦類來得便宜，由於產量加上肉多，於是成為蝦仁的主要來源，獲的厚殼蝦大多加工處理以蝦仁的方式賣，厚殼蝦也是加工成蝦米的主要蝦種一般購買到的大多是去殼的蝦仁，如果買到完整的厚殼蝦，也多半去殼取蝦仁料理。

厚殼蝦的外殼粗糙且具有細毛，頭胸甲殼厚，腹部彎曲時很像鷹爪，額角因性別及蝦齡而有所差異，幼蝦與雄蝦的額角平直且短，雌蝦額角長且末端上揚。厚殼蝦的額角下緣光滑無齒，上緣具有7至10個齒，頭胸甲具有眼刺、肝刺與觸角刺，尾柄粗壯且側緣具有三對可動的刺，體色變化大，隨產地的不同會有不同的體色，但大多數的厚殼蝦體色以白色或淺粉紅色為主，也有些體型較大的厚殼蝦體色會呈藍灰色，觸角大多是白色，因此有「白鬚蝦」的別稱，胸足與腹肢的顏色皆為白色。

白　蝦　*Litopenaeus vannamei*

■中文種名：南美白對蝦　　■別稱：白對蝦、凡納對蝦、萬氏對蝦

■外國名：　White Shrimp,Vannamei Shrimp

　　白蝦在甲殼類的分類上是屬於十目，游泳亞目，對蝦科，濱對蝦屬（*Litopenaeus*），中文種名為「南美白對蝦」，本種在1931年由Boone所命名。

　　台灣並非白蝦的原產地，白蝦原產於美洲的太平洋沿岸，只分布於墨西哥南與秘魯北部之間的海域，屬於熱帶性蝦，喜歡棲息在水質較混濁的沿岸海域，蝦體型通常較小，在人工環境下全年皆繁殖，食性為雜食性。

　　白蝦為外來引進的食用蝦類，是全世界產量最多的蝦類之一，台灣引進白蝦的時間約是1996年，因白蝦有許多優點而使牠們成為全世界重要的養殖蝦類之一。白蝦屬於熱帶性蝦類，因此不耐低溫，台灣養殖白蝦的養殖場幾乎集中於中南部，也已經可以完全養殖，供養殖用的蝦苗十分穩定。台灣市場上販售的白蝦以活蝦或冷藏為主，活蝦以魚市場或是海鮮店最多。一般料理蝦類的方式皆適合用來料理白蝦。

白蝦的體型長且略扁，額角較為平直，並不會特別長，額角的上緣具有8至9個齒，下緣具有2個齒，頭胸甲與腹節差不多粗，殼薄，體色為淺灰色，觸鬚顏色為粉紅色。

劍　蝦 *Parapenaeopsis hardwickii*

■中文種名：哈氏彷對蝦　　■別稱： 硬槍蝦　　■外國名： Spear Shrimp

　　劍蝦在甲殼類的分類上是屬於十腳目（Decapoda），對蝦科（Penaeidae），彷對蝦屬（*Parapenaeopsis*），中文種名為「哈氏彷對蝦」，本種在1878年由Miers所命名發表。

　　台灣的東北部以及西部沿海海域皆有劍蝦的分布，棲息水深頗深，主要棲息於具有沙泥底質的海底。

　　台灣的劍蝦產量多且穩定，尤其是在台灣北部的基隆，劍蝦的產量可算是全台灣第一，全年皆可捕獲，捕獲的方式以底拖網為主，每年的11月至次年5月的產量最多。捕獲的劍蝦主要以活蝦、新鮮或是冷凍的方式出售，有的會加工製成蝦仁後販售，劍蝦的肉質較硬且較富彈性，十分適合用來做鮮蝦羹。

劍蝦的額角十分長，額角尖端上揚，中央部位下凹，額角基部微微隆起，額角的上緣具有6至10個齒，下緣光滑無齒，第一個齒位於頭胸甲前段，第二個齒位於眼睛窩的上方。額角會因性別及蝦齡而所差異，幼蝦與雄蝦的額角短鈍，雌蝦額角長且尖銳。頭胸甲與腹節差不多粗，頭胸甲上具有眼刺、肝刺與觸角刺，尾柄粗壯且側緣具有三對可動的刺，顏色會因棲息地的不同而有差異，但大多以紅褐色或綠褐色為主，身上有細小的墨綠色斑點分布。

▼

櫻花蝦的體型小，平均長度約3至4公分，最大也不會超過6公分，身體佈滿紅色素與發光器，據研究指出，櫻花蝦的發光器數量約160個左右。

櫻花蝦 *Sergia lucens*

■中文種名：正櫻蝦　　■別稱：花殼仔、國寶蝦　　■外國名：Sakura Shrimp

　　櫻花蝦在甲殼類的分類中是屬於十腳目（Decapoda），枝鰓亞目（Dendrobranchiata），櫻蝦科（Sergestidae），櫻蝦屬（*Sergia*），中文種名為「正櫻蝦」，本種在1922年由Hansen所命名發表。

　　全世界只有台灣以及日本靜岡縣的駿河灣才有櫻花蝦的分布，而台灣的櫻花蝦只出現在東港、枋寮及東北角一帶的海域。櫻花蝦屬於群棲性的浮游性蝦類，主要棲息於大洋區的深海中，夜晚蝦會浮游至表水層。櫻花蝦的壽命約14個月左右，每年的11月至翌年的6月為產卵期，在生殖期間雌蝦的體色會變成青色，因此也有漁民將此特徵稱之為「青春期」。

　　早期台灣的漁民不知道櫻花蝦的高經濟價值，所捕到的櫻花蝦都充當下雜魚處理，直到日本的業者紛紛向台灣購買櫻花蝦，東港的漁民才知道他們所捕獲的是世界級的高級蝦類，也因此昔日的雜蝦一夕之間變成高價的海產蝦。原本櫻花蝦都是零星捕獲，數量不多也不穩定，自從漁民知道櫻花蝦的價值後，專業的漁船也因應而生，甚至成為東港重要的漁業，櫻花蝦也成為東港的三寶之一。櫻花蝦以拖網方式捕撈，漁民會利用比重的差異將剛捕獲的櫻花蝦與其他雜魚分離，將參雜其中的雜蝦或雜質剔除，然後再將初步整理好的櫻花蝦浸泡冰水保持鮮度。

　　櫻花蝦為東港的特產之一，所捕獲的櫻花蝦大多是出口外銷至日本，而留在台灣的則加工成蝦乾，因此在台灣買到的櫻花蝦都是烘乾後的乾製品。櫻花蝦風味佳，肉質鮮美，營養成分十分豐富，尤其是鈣磷的含量充足，其鈣質的含量是牛奶的十倍。以櫻花蝦為主要食材的料理如櫻花蝦炒飯、櫻花蝦天婦羅、鹽酥櫻花蝦、櫻花蝦海鮮羹、櫻花蝦春捲等，近幾年來也有業者將其加工成休閒食品，做成不同口味的櫻花蝦休閒食品，如丁香櫻花蝦、海苔櫻花蝦、杏仁櫻花蝦等。

螳螂蝦

■別稱： 蝦姑、瀨尿蝦
■外國名：Mantis Shrimp

　　螳螂蝦顧名思義就是很像螳螂的蝦子，在分類上屬於軟甲亞綱的甲殼動物的口足目，在台灣所稱的螳螂蝦只是口足目的統稱，而口足目總共有14個科，包含了420個種類。台灣約有產30多種口足類，而這30種蝦在民間或是市場都稱之為蝦姑或是螳螂蝦。

　　螳螂蝦在全世界的海域都有分布，而以熱帶及亞熱帶海域為主，所有的種類都是海生的，其習性為底棲性穴居，最喜歡棲息於軟質的泥沙海底，少數棲息於岩石區或珊瑚礁。螳螂蝦為肉食性，其食物包含魚類、小型甲殼類、多毛類、軟體動物，有時甚至也會捕食同類。螳螂蝦喜獨居，只有在生殖期間雌雄才會配對，並共用一個岩洞一起生活。

　　螳螂蝦一般在漁港的魚市場較易買到，大部分以活蝦的方式販賣較多，在台灣料理的方式以清蒸及煮味噌湯為主，其他以螳螂蝦為食材的料理有鹽烤螳螂蝦、蒜茸蝦，而在中國廣東潮汕的民間料理方式則是將螳螂蝦用鹽醃製後密封於容器中，數天後再取出食用。

螳螂蝦的營養價值

根據行政院衛生署的營養成分分析，每100公克重的螳螂蝦所含的成分如下：熱量63Kcal，水分84.0克，粗蛋白14.7克，粗脂肪0.5克，灰份1.8克，膽固醇130毫克，維生素B1 0.06毫克，維生素B2 0.09毫克，維生素B6 0.09毫克，維生素B12 8.32毫克，菸鹼素2.15毫克，維生素C 1.5毫克，鈉344毫克，鉀232毫克，鈣69毫克，鎂50毫克，磷212毫克，鐵0.6毫克，鋅2.4毫克。

第二對顎腳特化成
像鐮刀般的捕食工具

螳螂蝦的後三對胸足是步足，用來在海底行走
，腹肢具鰓，尾扇發達且多刺。最大的特徵當
然是那對像鐮刀般的捕食工具，第二對顎腳特
化成一對巨大、具強健肌肉的攻擊性附肢，外
形酷似褶疊的鐮刀，這個特化的構造使其外形
與昆蟲中的螳螂十分類似，也因而被稱為螳螂
蝦。其頭胸甲短小，身體由8個胸節、6個腹節
加上一個尾節，共由14個體節構成。

蝦姑拍仔的身體十分寬扁，背面
平滑，頭胸甲邊緣具有7至8個明
顯的鋸齒，第二觸角十分寬扁且
無觸角髯，尾扇的內側堅硬，外
側因為鈣化，因此較為柔軟。體
色為黃褐色，背甲具有紅褐色的
斑點。

外形看似被壓扁的蝦子

蝦姑拍仔

Ibacus novemdentatus

■中文種名：九齒扇蝦　■別稱：蝦姑、蝦姑頭

■外國名： Slipper Lobster,Horse-shoe Crab

寬扁的身體

　　蝦姑拍仔在甲殼類的分類上是屬於十腳目（Decapoda），蟬蝦科（Scyllaridae），中文種名為「九齒扇蝦」，本種在1850年由Gibbes所命名發表。台灣市場上所稱的蝦姑拍仔都是指蟬蝦科這一類的甲殼類，其中九齒扇蝦是台灣最富食用價值的種類，也是最普遍的種類。

　　台灣四周海域皆有蝦姑拍仔的分布，屬於底棲性蝦類，棲息水深十分深，大多在具有沙泥底質且十分平坦的海底活動，尤其沿海平坦的大陸棚區更是蝦姑拍仔最喜愛的棲地。平時大多以爬行的方式在海底活動，當遇到危險時，尾扇會張開且腹節會快速彎曲，以倒退的方式快速的游開。

　　台灣捕抓蝦姑拍仔的方式以底拖網為主，產量不穩定，有時會大量出現，有時卻是少之又少。蝦姑拍仔能食用的部位幾乎只有腹節內的肉，加上殼十分尖硬，因此一般家庭較少買回家料理食用。活蝦的價格是最好的，因為剛捕抓到的蝦姑拍仔死亡率很高，大多在船上即以冰塊保鮮，也因此活蝦的價格是冷凍鮮蝦的一倍以上。市場上所見的大多是冷凍的鮮蝦，而活蝦只有在海鮮店與海港的魚市場較常見，蝦姑拍仔的料理大多是以煮味噌湯的方式為主，也可鹽烤，蝦肉結實美味。

蝦姑拍仔的腹節，側角朝外且十分的尖銳，腹節的顏色為半透明的淺黃色。蝦姑拍仔十分容易辨識，因為其特殊外形很像被壓扁的蝦子。

179

錦繡龍蝦 *Panulirus ornatus*

■別稱： 青殼仔、大沙蝦
■外國名： Ornata Spiny Lobster,Spring Lobster,Langouste（美國加州）

　　錦繡龍蝦在甲殼類分類上是屬於十腳目（Decapoda），龍蝦科（Palinuridae）中文種名為「錦繡龍蝦」，屬於大型龍蝦，本種在1768年由Fabricius所命名發表。

波紋龍蝦 *Panulirus homarus*

■外國名： Scalloped Spiny Lobster

　　波紋龍蝦在甲殼類分類中是屬於十腳目（Decapoda），龍蝦科（Palinuridae）中文種名為「波紋龍蝦」，本種是在1758年由Linnaeus所命名發表。波紋龍蝦是[台]灣產量最多的龍蝦，為中南部的優勢種。

　　錦繡龍蝦的頭胸甲與腹節幾乎都是呈圓桶形，頭胸甲有短軟毛覆蓋，具有尖銳明顯的棘刺，越靠近前端，棘刺越是尖銳且突出。具有呈腎形的大眼睛，第一觸角的鞭十分長，長度約達體長的二分之一，第二觸角基部具有長的棘刺，第二觸角鞭部佈滿細小的刺。體色呈綠色，頭胸甲略帶藍色，眼睛為黑褐色，第二觸角也就是最粗且最長的觸角，顏色呈藍色。第一觸角為黃黑相間的斑節狀花紋，頭胸甲的步足顏色與第一觸角相同，皆是黃黑相間的斑節狀花紋，腹節的每一節皆有黑色粗帶，黑色粗帶兩端，也就是靠近腹節的邊緣，具有淡黃色的斑點，腹肢顏色為黃色。

台灣四周海域的岩礁區皆有產龍蝦，不過西部沿海大多為沙岸，因此產量十分稀少，所以北部、東北部與東部的沿海產量較多。所有的龍蝦皆為群棲性的夜行性動物，白天躲藏於岩礁縫或岩洞中，夜間才開始活動覓食，龍蝦會沿著岩礁邊緣或在沙泥底或平坦海底，一隻接著一隻排成一列移動，習性為肉食性。

龍蝦是高級的食用蝦類，但因台灣沿海產量有限，市場需求供不應求，因此進口龍蝦十分普遍。除了進口龍蝦外，在世界各地都有業者嘗試繁殖龍蝦，但並未完全成功，目前大多只是蓄養龍蝦，養殖業者向漁民購買體型較小的龍蝦，並在養殖池中以人工方式飼養至上市的體型，其中錦繡龍蝦是台灣最大型的龍蝦，因其生長速度較快，是最為蓄養龍蝦的業者最喜歡的種類。

一般餐廳或筵席最簡單的料理方式便是蒸龍蝦，雖然簡單卻也最能表現出龍蝦的美味，將龍蝦蒸熟後，將腹節內的蝦肉取出切片，再淋上沙拉便成了一道美味的龍蝦沙拉。另外也十分適合煮龍蝦味噌湯，龍蝦料理以蒸或煮湯的方式為主，新鮮的活龍蝦可作成沙西米，龍蝦頭可以用來熬粥，台灣的餐廳或海產店也常將龍蝦血與米酒調和後飲用，據說可強精補血、活力十足，具有生精活血的功效，但這只是民間的說法，並沒有很明確的科學根據。

波紋龍蝦的頭胸甲與腹節幾乎都是呈圓桶形，而頭胸甲在鰓區部位有時會較膨大，頭胸甲有短軟毛覆蓋，具有尖銳明顯的棘刺，越靠近前端，棘刺越尖銳且突出。具有呈腎形的大眼睛，除了眼上的角外，頭胸甲的前緣另具有4根十分明顯的大棘刺，第一觸角鞭長度約與體長相等，第二觸角基部具有長的棘刺，第二觸角鞭部佈滿細小的刺。體色呈綠色至褐色，頭胸甲略帶藍色，眼睛上方的角有黑色與白色的環帶，第二觸角也就是最粗且最長的觸角，顏色呈藍色，胸足顏色與體色差不多，腹足顏色為紅褐色，腹部密佈小白點。

▼

斑節蝦的體型較為粗壯，額角短且尖端並無明顯上揚，額角的上緣具有9至10個齒，下緣只具有1個齒，額角的側溝明顯，且延伸至頭胸甲後方。頭胸甲與腹節差不多粗，尾柄粗壯且側緣具有三對可動的刺。體色以黃色為主，頭胸甲與腹節上皆有褐色的斜帶或橫帶，使蝦子看起來是呈斑節狀的花色。

斑節蝦 *Penaeus japonicus*

■中文種名：日本對蝦　　■別稱：明蝦、雷公蝦

■外國名： Kurma Prawn,Striped Prawn,Japanese King Prawn,Japanese Tiger Pra

斑節蝦在甲殼類的分類上是屬於十腳目（Decapoda），對蝦科（Penaeidae），對蝦屬（*Penaeus*），中文種名為「日本對蝦」，本種在1888年由Bate所命名發表。

台灣四周海域皆有斑節蝦的分布，主要棲息於具有沙泥底質的沿海海底，屬於夜行性蝦類，白天大多潛伏在沙泥中，夜晚才會開始活動與覓食，食性為雜食性。

斑節蝦在台灣是十分重要的食用蝦類，也是很常見的蝦類，因體型大且肉多，深受消費者的喜愛，目前市面上的斑節蝦來源有人工養殖的與野生捕獲的。野生捕獲的斑節蝦體型通常很大，真的是又粗又大，捕獲的方式以底拖網為主，而人工養殖的斑節蝦，體型就小多了。台灣養殖斑節蝦已經有一段歷史，不論是養殖技術或是繁殖技術皆已十分純熟，但近幾年來因

蝦類疾病的肆虐，造成產量持續下滑，甚至供不應求。斑節蝦對鹽分的變化十分敏感，鹽分過低就會死亡，因此養殖斑節蝦的業者最怕下雷陣雨，只要一下大雨，池塘內的鹽分即會快速下降，很容易造成蝦子的死亡，因此斑節蝦也有「雷公蝦」之稱。野生捕獲的斑節蝦大多以冷藏方式出售，而人工養殖的斑節蝦在市場上大多以活蝦出售。

由於斑節蝦喜歡棲息在沙泥底質中，因此野生捕獲的斑節蝦背部的沙腸特別明顯且多，需要花較多的功夫清理，而體型大的斑節蝦在日本料理店皆以「明蝦」稱之，大的明蝦是做炸蝦天婦羅的最佳食材，新鮮的斑節蝦可以做生魚片或是活蝦沙拉，而體型小些的斑節蝦則可以快炒或油爆的方式料理。

蝦姑頭 *Ranina ranina*

■中文種名：旭蟹、蛙形蟹　　■別稱：紅面猴、海臭蟲

■外國名：Spanner Crab,Crimson Crab

　　蝦姑頭在甲殼類的分類上是屬於蛙蟹科（Raninidae），蛙蟹亞科（Ranininae），蛙蟹屬（*Ranina*），台灣的中文種名為「旭蟹」，本種在1758年由Linnaeus命名發表。

　　台灣四周海域皆有蝦姑頭的分布，而以西部海域以及澎湖海域最多，喜歡棲息於具有沙泥質的海域，具有群棲的習性，食性為雜食性。

　　蝦姑頭是十分受歡迎的蟹類之一，在台灣捕獲的方式以底拖網為主，秋冬季節的產量較多，在市場上屬於十分平價且普遍的蟹類。蝦姑頭的料理方式也十分容易簡便，只要清蒸就可以享用美味，除了清蒸的方式外，台灣最常用來料理蝦姑頭的方式就是蝦姑頭味噌湯，將蝦姑頭切塊後並與豆腐一起下去煮味噌湯，不管在小吃店或是較高級的餐廳裡都是一道很常見的料理。

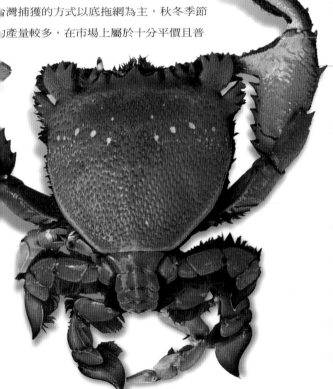

掌節寬扁，不可動指節與掌節垂直

　　蝦姑頭的外形與青蛙很像，因此有「蛙形蟹」之稱，頭胸甲大且密佈突出的鈍棘或顆粒，成蟹額角具三個齒且呈三角形，中央的齒較突出。兩邊螯足互相對稱，掌節寬扁，掌節前端的指節短且與長節垂直，不可動指節與掌節垂直，步足短，最末端的指節呈扁平的三角形，頭胸甲邊緣以及部足邊緣密生長軟毛。全身的顏色皆為紅橙色，腹面顏色為黃橙色。

紅　蟳　*Scylla serrata*

■中文種名：鋸緣青蟳　　■別稱：青蟹

■外國名：Indo-Pacific Swamp Crab（世界糧農組織），
Mangrove Crab（澳洲），Mud Blue Crab（泰國）

紅蟳在分類上屬於梭子蟹科（Portunidae），青蟳屬（*Scylla*），中文種名為「鋸緣青蟳」，本種在1755年由Forskal所命名發表。原本只有一屬一種的青蟳，最後由澳洲學者基南（Keenan）等人在1998年發表的研究報告將青蟳屬分為4個種類。

青蟳的食性為肉食性，喜歡棲息於泥質的河口、紅樹林或潮間帶，常以強而有力的螯捕食魚、蝦、貝類等生物。青蟳為夜行性，白天會躲藏於洞穴中，至晚上才離開洞穴外出覓食，其交配時間都是選擇雌蟹蛻殼時進行，一隻雌蟳可生產約1百萬至8百萬粒的卵，產卵數量與雌蟳的體型大小成正比。

紅蟳是眾所周知的高級蟹類，價格十分昂貴，而紅蟳其實就是專指那些抱卵的雌蟳，在台灣府誌裡很早就已經有「蟳仔」這個稱呼，沒有交配過的雄蟳或是未交配過的雌蟳都稱為「菜蟳」，菜蟳的市場價格通常都較低，而交配過太多次的雄蟳又稱為「騷公」，因其肉質很差，因此價格十分低廉，是食用價值最低的蟳。而未交配的雌蟳又稱為「處女蟳」或「幼母」，剛交配後的雌蟳稱為「空母」，當空母的卵巢發育成熟飽滿，顏色轉變為橘紅色後，即可稱為「紅蟳」。利用燈光或太陽光透視紅蟳的卵巢（又可稱為仁）時，如其不透光的黑影已進入甲緣的鋸齒內時俗稱為「入棘」，這表示卵巢已成熟了，此時的紅蟳是最美味的，價格也是最高的。

紅蟳的盛產期是在農曆的3至7月以及9至10月。因野生的紅蟳數量已不多，無法供應市場的需求，所以目前台灣市場上的紅蟳多為人工飼養的蟳。飼養蟳的養殖場以南部最多，養殖方式分為兩種，第一種是收購7公分以下的蟳苗放養，至成長為菜蟳或空母後出售，第二種是收購空母將之養至紅蟳再出售。養殖方式以混養為主，通常與虱目魚一起混養。蟳苗的來源大多依賴野生捕抓，捕撈的蟳苗以3至4月間及6至7月間較多，現在因繁殖技術成熟，人工蟳苗也越來越多了，不過台灣市場上的紅蟳還是有很多是由國外進口。

蟳在台灣具有很深的意義，在喜慶筵席上也常可看到「紅蟳米糕」這道料理，同時也是民間滋補的海鮮之一，因其深具補身的功效，從小孩到年長的長輩都有其療效，因此從台灣早期就深受大家的喜愛，也一直被公認為是海鮮中的珍品。紅蟳的肉質結實，味道鮮美，可清蒸或做成三杯紅蟳，也可煮味噌湯或以麻油烹調。在營養價值方面，紅蟳的礦物質含量很高，鋅、銅及鈣等的含量在水產品中都是名列前茅。

紅蟳的背甲十分光滑，額部有4個一樣大的齒，前側緣有9個齒，具有粗壯光滑無毛的螯足 長節的前緣有3齒，後緣部分有2個刺狀的齒 ，腕節外緣2個齒，內緣有1個齒，第四步足寬扁呈槳狀，用於游泳。

第四步足寬扁呈槳狀

紅蟳的營養價值

根據行政院衛生署的營養成分分析，每100公克重的紅蟳所含的成分如下：熱量142Kcal，水分67.1克，粗蛋白20.9克，粗脂肪3.6克，碳水化合物6.5克，灰份1.9克，維生素B1 0.01毫克，維生素B2　0.94毫克，維生素B6 0.18毫克，維生素B12　4.63毫克，菸鹼素4.10毫克，維生素C　0.0毫克，鈉309毫克，鉀255毫克，鈣79毫克，鎂57毫克，磷234毫克，鐵2.6毫克，鋅10.3毫克。

石蟳的外觀十分粗獷，頭胸甲的背甲密佈短軟毛，前半部具有突出的粗糙顆粒，額緣區分為六個齒。螯足粗大且不對稱，螯足表面密佈粗大的顆粒與短軟毛，長節前緣具有五根或六根的鈍棘，最後兩個鈍棘較大。掌部背面具有四根的鈍棘，腹面具有橫行排列的鱗狀顆粒，中央具一個縱溝。泳足的前節後緣為鋸齒狀。基本顏色為紅棕色，密佈的軟短毛為棕色，突出的粗糙顆粒為淡紅色，腹面顏色為米黃色，螯足的指端顏色較暗。

石　蟳
Charybdis natator

■中文種名：善泳蟳
■外國名： Swimming Crab（泰國）

　　石蟳在甲殼類的分類上是屬於梭子蟹科（Portunidae），梭子蟹亞科（Portuninae），蟳屬（*Charybdis*），中文種名為「善泳蟳」，本種是在1794年由Herbst所命名發表。

　　石蟳主要棲息於淺海地區或沿海海域，棲息環境以沙泥底質、石礫以及淺海的岩礁區為主，為日行性動物，白天活動、晚上休息，由其種名「善泳蟳」可知，牠們十分擅長游泳，只要遇到危險便會快速游開。

　　台灣所稱的「石蟳」幾乎多是指善泳

蟳與顆粒蟳，兩種蟹的外觀十分相似，在台灣的產量都非常多，捕獲的方式以底拖網、底刺網以及蟹籠誘捕為主。在市場上販賣方式以活蟹出售為主，在漁港的魚市場裡或是各地的海產店都可見到，沿海的漁港市場也有販售蒸煮調味的熟石蟳，整隻烹調後出售或是螯足分開販賣的。石蟳大多會將螯足另外販賣，是很受歡迎的下酒菜。石蟳的料理方式以蒸煮後沾醬食用，也可以加九層塔與調味料一起炒，都十分美味可口。

石蟳仔

harybdis granulata

▍中文種名：顆粒蟳

▍別稱：澎湖石蟳

石蟳仔與善泳蟳非常相似，其頭胸甲的背甲密佈粗糙的短軟毛且分布不均勻，前半部具有突出的粗糙顆粒，額緣區分為六個齒。螯足粗大且不對稱，螯足表面密佈粗大的顆粒與短軟毛，長節前緣具有五根或六根的鈍棘，最後兩個鈍棘較大，掌部背面具有四根的鈍棘，腹面具有鱗狀顆粒，不具有中央縱溝。泳足的前節後緣為鋸齒狀。基本顏色為深褐色，腹面顏色為米黃色，螯足的指端顏色較暗且內緣有點泛白。

石蟳仔在甲殼類的分類上是屬於梭子科（Portunidae），梭子蟹亞科（ortuninae），蟳屬（*Charybdis*），中種名為「顆粒蟳」，本種是在1833年De Haan所命名發表，

石蟳仔大多棲息於淺海地區或沿海海，棲息環境以沙泥底質、石礫以及淺海岩礁區為主，為日行性動物，白天活動晚上休息，產地大多與善泳蟳重疊，但布的範圍比善泳蟳狹窄。

台灣所稱的石蟳幾乎多是指善泳蟳與顆粒蟳，兩種蟹的外觀十分相似，在台灣的產量十分多，不過顆粒蟳的分布範圍窄，又與善泳蟳的外觀幾乎相同，因此在市場上漁民大多不會細分這兩個種類，而把牠們統稱為石蟳。捕獲的方式以底拖網、底刺網以及蟹籠誘捕為主，在市場上販賣方式以活蟹出售為主，在漁港的魚市場裡或是各地的海產店都可見到，料理方式與善泳蟳大同小異。

扁仔的蟹殼表面分區明顯，頭胸甲的殼面密佈短的軟毛，每一個分區上又有許多突出的小顆粒。螯足的掌節細長，長節比掌節短且較肥大，長節前端上具有四根刺而末端具有兩根刺，第四對步足也就是最後一根像船槳的腳，最末端具有明顯的紅斑，頭胸甲兩側皆有數根突出的長刺，最後一根為最長的刺。

扁 仔 *Portunus haanii*

■中文種名：擁劍梭子蟹　　　■別稱： 市仔

　　扁仔在甲殼類分類上是屬於梭子蟹科（Portunidae），梭子蟹亞科（Portuninae），中文種名是「擁劍梭子蟹」，本種在1858年由Stimpson命名。

　　扁仔主要棲息於具有沙泥底質的海域，有時也會在岩礁區活動，食性為雜食性。扁仔在台灣的產量十分多，捕撈方式以拖網、籠具誘捕或底刺網為主，在市場上販賣方式以活蟹出售為主，在漁港的魚市場裡或是各地的海產店都可見到。在沿海的漁港市場也有已經蒸煮後調味的熟扁仔，有整隻出售或是螯足分開賣的，可當作下酒菜，料理方式以蒸煮後沾醬食用或加九層塔與調味料一起炒。

花蟹的蟹殼表面粗糙，具有很多顆粒狀的突出物，螯足、步足以及泳足都較瘦，螯足前端的可動指與不可動指相當細長。螯足在關節處都有刺，頭胸甲兩側各具有一根突出的長刺。雌雄的體色不相同，雄蟹的頭胸甲及螯足都較雌蟹長，頭胸甲的顏色為深褐色，上面有黃綠色的對稱花紋，螯足、步足以及泳足的顏色為寶藍色，螯足、泳足基節以及所有步足的基節都具有淡色的花紋。而雌蟹偏黃綠色，只有步足指節處為寶藍色。

花　蟹　*Portunus pelagicus*

■中文種名：遠海梭子蟹　　■別稱：市仔　　■外國名： Blue Swimming Crab

花蟹在甲殼類分類上是屬於梭蟹科（Portunidae），梭子蟹亞科Portuninae），中文種名為「遠海梭子」，本種是在1766年由Linnaeus所命發表。

花蟹主要棲息於具有沙泥底質的海域有時也會在岩礁區活動，食性為雜食。花蟹在台灣比較少見，台灣捕抓花的方式以籠具誘捕為主，其他的捕獲方式還有拖網或底刺網等。台灣一年四季都可捕獲，但如果不是在盛產季時，不僅數量較少、價格較貴外，而且大多沒什麼肉。

花蟹的料理十分方便簡單，如果是新鮮的花蟹，只要水煮熟後即非常美味，肉質甜美細嫩，此外也可以清蒸，不需要任何沾料或調味品即非常美味，也最能表現出花蟹的鮮美。

花市仔的蟹殼表面光滑，頸溝明顯，螯足、步足以及泳足都較瘦，螯足前端的可動指與不可動指瘦長。體色為黃色，有深褐色的斑紋，斑紋在身體上是兩邊互相對稱，身體的中央具有十字架形狀的黃色花紋。

身體的中央具有
十字架形狀的
黃色花紋

花市仔 *Charybdis feriatus*

■■中文種名：鏽斑蟳　　■■別稱：市仔、火燒公、花蟳、十字蟹

　　花市仔在甲殼類的分類上是屬於梭子蟹科（Portunidae），梭子蟹亞科（Portuninae），蟳屬（*Charybdis*），中文種名為「鏽斑蟳」，本種是在1758年由Linnaeus所命名發表。

　　花市仔主要棲息於具有沙泥底質的海域，有時也會在岩礁區活動，食性為雜食性。花市仔是台灣最常見的海產食用蟹類，產量多而且價格十分便宜平價，因此深受消費者的喜愛。台灣捕抓花市仔的方式以籠具誘捕為主，其他的捕獲方式還有拖網或底刺網等。台灣一年四季都可捕獲，

但如果不是盛產季，除了數量少、價格貴之外，此時的花市仔大多比較沒有肉。夏天為花市仔主要產季，產量非常，價格便宜，而且每隻都十分肥滿，此時的花市仔可說是最美味的時候，盛產季時到台灣各個漁港的市場內逛逛，幾乎每一攤都是滿滿的花市仔，可以多挑選些回家享用。

　　花市仔的料理十分方便簡單，如果是新鮮的花市仔，只要水煮熟後就非常美味，肉質甜美細嫩，也可以清蒸，不需要任何調味料就已經非常鮮美。

胸甲末端的三個斑點

三目公仔的蟹殼表面密佈微細的顆粒，表面看似光滑，但觸摸時可以感覺顆粒的存在。螯足、步足以及泳足都較瘦，螯足前端的可動指與不可動指細長，螯足的長節前緣具有3根刺。體色為深綠色，頭胸甲末端具有三個深紅色大斑點，這三個斑點為辨識本種的重要特徵。

三目公仔

ortunus sanguinolentus

■中文種名：紅星梭子蟹　　■別稱：三點仔、三點市仔、市仔

■外國名： Red-spotted Swimming Crab

　　三目公仔在甲殼類的分類上是屬於梭蟹科（Portunidae），梭子蟹亞科（ortuninae），中文種名為「紅星梭子蟹，本種是在1783年由Herbst所命名發。

　　三目公仔主要棲息於具有沙泥底質的域，有時也會在岩礁區活動，食性為食性。三目公仔是台灣非常普遍的海食用蟹類，產量多，價格也十分便宜價，因此深受消費者的喜愛。三目公

仔的產季與花市仔（繡斑鱘）同時，但三目公仔的蟹肉較花市仔少，在魚市場的價格總是比花市仔便宜些。秋冬兩季的三目公仔是肉質最肥滿的時候，也是最適合品嘗的季節。三目公仔的料理十分方便簡單，如果是新鮮的只要水煮熟後即非常美味可口，其肉質甜美細嫩，此外也可以清蒸，或是蒸煮後沾醬食用，也可加九層塔與調味料一起炒。

饅頭蟹 *Calappa lophos*

■中文種名：捲折饅頭蟹
■別稱：金錢蟹、潛沙蟹
■外國名： Box Crab

饅頭蟹具有側扁狀的螯足與◯
節，背緣具有圓錐狀的鈍齒◯
螯足前端的可動指呈彎鉤狀◯
頭胸甲的顏色為淡紫色，背◯
具有米黃色的細紋。

　　台灣市場上所稱的饅頭蟹是饅頭蟹科的統稱，饅頭蟹在甲殼類分類上是屬於饅頭蟹科（Calappidae），饅頭蟹屬（*Calappa*），台灣約有15種，本文介紹的為「捲折饅頭蟹」，本種是在1782年由Herbs所命名發表。

　　台灣四周海域皆有饅頭蟹的分布，棲息水深範圍廣，淺海至較深的海底皆有，主要棲息於具有沙泥底質的海底，具有潛沙的習性，繁殖期約在5月與6月。

　　饅頭蟹的產量多，種類也多，台灣市場上所稱的饅頭蟹都是指饅頭蟹科的蟹類，主要是因為當牠緊縮起來時，外觀真的很像一顆饅頭。饅頭蟹在台灣並不是主要的食用蟹類，但有時魚市場仍有魚販販賣體型較大的饅頭蟹，饅頭蟹在漁港的魚市場內較多見，除了體型特別大的會被挑選起來外，其他的都當成下雜魚處理。其捕獲的方式以底拖網、底刺網或以蟹籠誘捕，不過並不是作業漁船的主要目標漁獲物。料理時可以用水煮的方式煮熟再沾醬食用。

饅頭蟹螯足的內外側皆有深紫色
的虎斑狀花紋或斑點，外側花紋
稀疏，內側則有花紋密佈，步足
顏色皆為黃綠色。背甲光滑且隆
起呈圓弧形，頭胸甲寬大且厚，
形狀呈半圓形。

Shell & Others

A MARKET GUIDE FOR FISHES & OTHERS

【貝類及其他】

竹　蚶 *Solen strictus*

■中文種名：竹蟶　■別稱：蟶仔、竹節蟶

■外國名：Japanese Jackknife-clam,Japanese Razor-shell

　　竹蚶在貝類的分類上是屬於真瓣鰓目（Eulamellibranchiata），竹蟶科（Solenidae），竹蟶屬（Solen），中文種名為「竹蟶」，本種是在1861年由Gould所命名發表。

　　台灣的竹蚶主要分布於中南部鹽分較低的沙泥質海岸，而在中國大陸沿海的產量甚多，棲息範圍包括潮間帶與淺海海域，只能生存在沙泥底質的海域，具有潛沙的習性，大部分的時間都是潛藏於沙層中，利用出入水管來交換海水以及濾食海水中的食物，食性為濾食性。

　　每當夏季的時候，可在漁港的市場看到一籠一籠的竹蚶，市場上販賣的竹蚶都是活的，很少販售冷凍的竹蚶。竹蚶是十分容易料理的貝類，最簡單的方式就是將竹蚶用清水洗淨後，抹上鹽後清蒸，這是最簡單也最能吃出原味的方式，此外用熱炒來料理也是很不錯的。

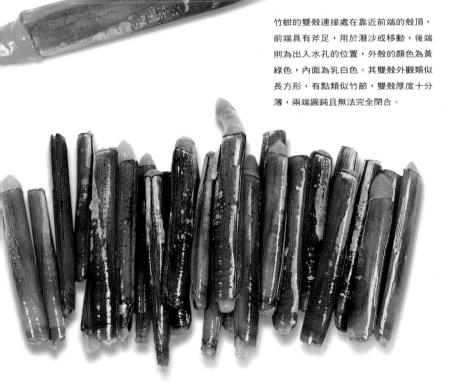

竹蚶的雙殼連接處在靠近前端的殼頂，前端具有斧足，用於潛沙或移動，後端則為出入水孔的位置，外殼的顏色為黃綠色，內面為乳白色。其雙殼外觀類似長方形，有點類似竹節，雙殼厚度十分薄，兩端圓鈍且無法完全閉合。

花蛤的外形呈三角形，殼的兩端圓滑，殼頂位置偏中，靠近前端的小月面細長，而後端的盾面外型為橢圓形且顏色會比較深。其內面為白色且十分光滑，外殼有很多不規則的花紋及顏色，但通常以青灰色為主。因外殼顏色及花紋很豐富，也因此有「花蛤」之稱。

花　蛤 *Gomphina aequilatera*

■■中文種名：等邊淺蛤　　■別稱：　花角仔　　■外國名：　Equilateral Venus

　　花蛤在貝類的分類上是屬於真瓣鰓目（Eulamellibranchiata），簾蛤科（Veneridae），花蛤屬（*Gomphina*），中文種名為「等邊淺蛤」，花蛤在1825年由Sowerby所命名發表，花蛤屬目前只有紀錄兩種。

　　花蛤主要棲息於泥沙質的淺海，利用斧足潛入泥沙底，並將水管伸出沙層，以濾食水中的有機物或浮游生物。台灣西部沙岸為主要的產地，因此台中以南包括澎湖的沙岸，幾乎可發現花蛤的蹤跡，人工養殖的花蛤也以中南部最為盛行。

　　花蛤在台灣為養殖的貝類之一，養殖不是很容易，在飼養過程中溫度以及鹽度將是養殖成敗的關鍵，養殖花蛤的最佳溫度在25℃左右，鹽度在千分之三十為宜，在養殖過程中溫度及鹽度變化太大將造成花蛤的高死亡率。花蛤為雙枚貝，具潛沙的習性，幾乎都在沙層下生活，因此養殖的底質好壞也是成敗的重要因素，必須提供最適合的底質。飼養的底質泥土或沙的比例太多或太少都不適合飼養，底質的含沙率最好在60%以上為宜，另外必須特別留意底質的老化情形，每一季飼養完必須整理池底，以減少底質囤積的有機廢棄物，尤其當底質老化嚴重，常使沙層含有很多硫化氫，硫化氫會毒死生活於底質裡的花蛤。花蛤的食性為濾食性，因此在飼養時必須維持充分的浮游生物。花蛤的料理方式以快炒及煮湯為主。

血蛤的殼頂偏中，但有點靠近前端，殼型接近卵形，感覺十分飽滿，殼十分厚重，表面有放射狀的放射肋，放射肋較粗且上面有顆粒狀的突起，鉸齒數約35～38個小鋸齒，殼緣有類似鋸齒狀的缺刻。外殼顏色為灰色或黑褐色，具有殼皮，殼的內面為白色，殼的邊緣具有類似鋸齒狀的缺刻，具有豐富的血紅素，因此被稱為血蛤。

血　蛤　*Tegillarca granosa*

■中文種名：血蚶　　■別稱：泥蚶、粒蚶

■外國名：　外國名：Granular Ark(美國加州),Blood Clam,Rock-cockle(泰國)

血蛤在貝類分類是屬於魁蛤科，血蚶屬（*Tegillarca*），中文種名為「血蚶」，本種在1758年由Lnnaeus所命名。

血蛤主要棲息於平坦的淺海且無其他大型藻類生長的沙泥底質，鹽度在千分之2至30都十分適合血蚶的生長。血蛤利用斧足潛入泥沙底，並將水管伸出沙層，濾食水中的有機物或浮游生物。血蛤為雌雄異體，雌貝生殖巢為橘紅色，雄貝則呈乳白色，約一年半個體可達成熟，每年8月開始一直到12月都是血蛤的繁殖期。

血蛤在台灣屬於高級食用貝類，自古即被視為滋補聖品，在台灣主要分布於西部沿海，而以嘉義東石、布袋以及台南附近產量最多。因血蛤的成長速度緩慢，需飼養一年半至兩年才能採收上市，所以養

殖數量不多，也多採用混養為主，養殖的種苗來源幾乎完全仰賴天然採捕的幼貝。目前有利用魚塭養殖、淺海養殖以及兩者混用的養殖方式，混用方式是將野生採集的幼貝先於魚塭中飼養至一定大小後，再移至適合生長的潮間帶養成，這種飼養方式可以提高淺海養殖的存活率，而直接以魚塭飼養的血蛤，其生長速度會比淺海養殖還要快。

古書曾載：血蛤有「令人能食」及「益血色」等功效，外殼相傳有消血塊及化痰之功用，貝肉也含有豐富的蛋白質及維生素B12，因含豐富的血紅素，台灣民眾相信吃血蛤有補血的功效。血蛤的料理方式通常是以熱水燙至半熟，再淋上酌料食用。

赤嘴蛤 *Cyclina sinensis*

■中文種名：赤嘴蛤　　■外國名：Chinese Venus
■別稱： 赤嘴仔、青蛤、海蜆 、環文蛤

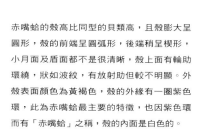

　　赤嘴蛤在貝類分類上屬於簾蛤科（Veneridae），環文蛤屬（*Cyclina*），環文蛤屬在台灣只有赤嘴蛤這一種而已，赤嘴蛤是在1791年由Gmelin所發表的。

　　赤嘴蛤在全世界只分布於台灣、日本以及中國大陸，在台灣的主要產地為西部沿岸的河口或是沙泥質的潮間帶，喜棲息於鹽分較淡、水質佳的河口或是富含沙泥質的淺水區，會利用斧足潛入泥沙底，並伸出水管到泥面呼吸及濾食水中的食物。

　　赤嘴蛤是台灣重要的食用貝之一，也是重要的養殖貝類，養殖方式以混養的方式為主，不過市場上的赤嘴蛤也有一部分是漁民到潮間帶以工具採捕野生的貝類回來販賣。赤嘴蛤屬於小型貝類，所以其料理方式以煮湯為主。

赤嘴蛤的殼高比同型的貝類高，且殼膨大呈圓形，殼的前端呈圓弧形，後端稍呈楔形，小月面及盾面都不是很清晰，殼上面有輪助環繞，狀如波紋，有放射助但較不明顯。外殼表面顏色為黃褐色，殼的外緣有一圈紫色環，此為赤嘴蛤最主要的特徵，也因紫色環而有「赤嘴蛤」之稱，殼的內面是白色的。

海瓜子蛤 *Ruditapes philippinarum*

■中文種名：菲律賓簾蛤　　■別稱：花蛤
■外國名：Baby Clam（美國加州）

　　海瓜子蛤在貝類分類上是屬於真瓣鰓目（Eulamellibranchiata），簾蛤科（Veneridae），花簾蛤屬（*Ruditapes*），中文種名為「菲律賓簾蛤」，本種在1850年由Adams與Reeve所共同命名。

　　海瓜子蛤在台灣除了東部沿海外，其餘海域皆有分布，主要棲息於泥沙質淺海或潮間帶，利用斧足潛入泥沙底，並將水管伸出沙層濾食水中有機物或浮游生物，台灣西部與南部沿海潮間帶為主要產地。

　　海瓜子蛤在台灣的產量頗多，大多以採集野生貝為主，但現在因沿海海域的污染嚴重，使其產量逐漸減少，因此市面上也很容易看到進口的海瓜子蛤。海瓜子蛤的料理方式以煮湯以及熱炒為主，炒海瓜子蛤時可加些九層塔一起炒，可以增加海瓜子蛤的美味。

　　海瓜子蛤的外型呈卵圓形，貝殼前端呈橢圓形，後端則較平直，殼堅厚且飽滿，殼頂稍微突出且向前彎曲，小月面寬且呈橢圓形，鈍面為棱形，韌帶突出且長。殼面具有細密的放射肋與細密的生長線，放射肋與生長線交織成布紋狀。貝殼表面顏色為灰黃色或深褐色，有些具有褐色的不規則花紋或斑點，貝殼內面為灰黃色。

海瓜仔 *Paphia undulata*

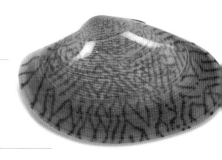

- 中文種名：波紋橫簾蛤、波紋巴非蛤
- 別稱： 山瓜仔
- 外國名：Carper-shell（泰國），
Little-neck Clam, Rock-cockle（美國）

　　海瓜仔在貝類分類上是屬於真瓣鰓目（Eulamellibranchiata），簾蛤科（Veneridae），橫簾蛤屬（*Paphia*），台灣使用的中文種名為「波紋橫簾蛤」，本種是在1778年由Born所命名發表。

　　台灣只有南部沿海海域有海瓜仔的分布，海瓜仔只棲息於具有沙泥底質的沿海海域，尤其是潮間帶更是海瓜仔最喜愛的棲息環境，大多潛藏在沙層中，夏季棲息在較淺的沙層中，冬季則大多棲息在沙層的深處。其食性為濾食性，利用出入水管濾食沙層上的食物，食物的種類很多，大多數的有機物都可成為海瓜仔的食物。

　　海瓜仔在台灣的產量並不多，養殖數量也較少，市面上所見的海瓜仔大多是進口貝類，以中國大陸沿海的產量最多，主要因中國正計畫性實施淺海養殖海瓜仔。海瓜仔料理以煮湯以及熱炒為主，炒食時可加些九層塔，頗能增加海瓜仔的美味。

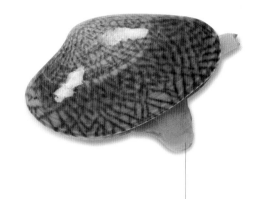

海瓜仔的外殼呈橢圓形，外殼
薄但十分堅硬。外殼面光滑，
生長線十分緊密，小月面細長
且狹窄，韌帶外觀為突出的長
菱形。其貝殼外面顏色為淺褐
色且有深褐色的網狀細紋，殼
的內面顏色為象牙白，中央部
位顏色為紫紅色。

將海瓜仔浸泡在清水中，
不久即可看到牠們紛紛伸出斧足。

歪簾蛤 *Anomalocardia producta*

■中文種名：台灣歪簾蛤　　■別稱：烏蚶

■外國名： Projecting Venus

　　歪簾蛤在貝類分類上是屬於真瓣鰓目
（Eulamellibranchiata），簾蛤科（
Veneridae），中文種名為「台灣歪簾蛤
」，本種在1951年由Kuroda與Habe所
共同命名發表。

　　歪簾蛤在台灣的分布主要在新竹縣以
南的沿海海域，多棲息在潮間帶，平時
都是潛藏在沙層中，食性為濾食性，利
用出入水管濾食沙層上的海水，食物種
類很多，大多數的有機物都可成為歪簾
蛤的食物。

　　歪簾蛤在台灣市場上並不多見，也沒
有人工養殖，只能依賴採捕野生的歪簾
蛤在市場上販售。歪簾蛤的料理方式以
清蒸或快炒為主。

歪簾蛤的外型呈三角形，後端突起且明顯
歪斜，前端圓、後端尖凸，生長線十分明
顯，外殼顏色為青灰色。

文蛤的外觀呈扇形，殼厚且十分飽滿，殼的前端呈
梨形，後端較為鈍圓，位於前端的小月面十分明顯
，外殼表面光滑；殼面顏色變化很大，並無特定的
顏色，大多數的文蛤外殼底色有深褐色、灰褐色、
淺黃色、白色等，具有放射狀、輻射狀或波浪狀的
不規則花紋，殼的內面為白色且殼面光滑。

文 蛤 *Meretrix lusoria*

■■中文種名：文蛤　■■別稱：粉蟯、蚶仔
■■外國名：Japanese Hard Clam(世界農糧組織、美國加州),Common Oriental Clam
White Clam(美國加州),Cytherée du japon(法國),Mercenaria japonesa(西班牙)

　　文蛤在貝類的分類上是屬於簾蛤科
（Veneridae），文蛤屬（*Meretrix*），中
文種名為「文蛤」，本種在1798年由
Roeding所命名發表。

　　台灣四周的淺海海域皆有文蛤的分布
，文蛤只棲息於具有沙泥底質的沿海海域
，尤其是潮間帶更是文蛤最喜愛的棲息環
境。屬於廣溫廣鹽性的貝類，在水溫4至
39℃之間都能夠存活，但太高或太低的
水溫都無法長時間存活，也會影響其生長
，其中以25℃左右的水溫最適合文蛤的
生長。文蛤屬於鹽鹽性貝類，因此千分之
10至45的鹽度範圍內都能正常的生長。
文蛤都是潛藏在沙層中，其食性為濾食性
，利用出入水管濾食沙層上的海水，食物
種類很多，大多數的有機物都可成為文蛤
的食物，文蛤繁殖期在10月至隔年2月。

　　文蛤是台灣十分普遍易見的食用貝類
，早期的文蛤多依賴漁民在退潮時在潮間
帶少量採捕，後來演變成漁民購買野生的
貝苗在潮間帶養殖，而現在的文蛤是由專

門的養殖場以魚塭養殖文蛤，養殖的貝苗
也已經可以由人工大量生產供應養殖
文蛤十分容易購得，價格也十分平價，台
灣的家庭料理以煮湯及熱炒文蛤為主，炒
文蛤時可加些九層塔一起炒，頗能增加文
蛤的美味。另外文蛤也可以用鹽烤的方式
來料理，只要將文蛤抹上鹽，就可以烤出
味道鮮美的文蛤，尤其是湯汁最為美味，
有海洋的味道。而煮湯時只要加些許文蛤
，就可以使湯頭更加鮮美。

　　文蛤不只是好吃而已，對人體的健康
也十分有益，還具有某些療效，最早的記
載是在南北朝時代的『神農本草經』中
清楚記載文蛤對人體的功效，而『本草綱
目』中也有記載文蛤的功效。現代科技也
已證明文蛤有去熱、化痰等功效，對氣喘
、慢性氣管炎、甲狀腺腫大、中耳炎、胃
痛等疾病均有改善的功能，甚至對肝癌也
有明顯的抑制作用。此外文蛤還具有開胃
的功效，時常食用可滋補身體，維持身體
的健康。

文蛤的外觀呈扇形
殼厚且十分飽滿

大殼仔殼呈長橢圓形

大殼仔 *Tapes literatus*

中文種名：淺蜊

別稱：蝴蝶瓜子蛤、綴錦蛤

外國名：Lettered Venus

　　大殼仔在貝類分類上是屬於真瓣鰓目（Eulamellibranchiata），簾蛤科（Veneridae），淺蜊屬（*Tapes*），中文種名為「淺蜊」，本種在1758年由Linnaeus命名發表。

　　台灣西部沿海與澎湖沿海皆有大殼仔的分布，主要棲息於泥沙質的淺海或潮間帶，利用斧足潛入泥沙底，並將水管伸出沙層濾食水中的有機物或浮游生物，台灣西部沙岸的潮間帶為主要的產地。

　　大殼仔在台灣的產量頗多，大多以採取野生貝為主。料理方式以煮湯以及快炒的方式為主，炒大殼仔時可加些九層塔一起炒，能增加大殼仔的美味。

> 大殼仔具有寬大的殼，殼呈長橢圓形，殼頂靠近前端，前端短鈍且圓，後端較為寬大且殼緣並非完整的弧形，生長線十分明顯。外殼顏色為黃褐色，具有放射狀的閃電形花紋或呈連續的V字形花紋，殼內面顏色為白色，且內面具有明顯的出入水管痕跡。

淡橘色，無口蓋，內唇有齒而外唇無齒且十分的薄，幾乎沒有螺塔。

木瓜螺的外殼為黃褐色，外形幾近圓形，外殼光滑，形狀類似木瓜，殼長可達20公分以上。

木瓜螺　*Melo melo*

■中文種名：椰子渦螺、牛母王螺　　■別稱：椰子螺　　■外國名：India Volute

　　木瓜螺在螺類分類上屬於新腹足目（Neogastropoda），渦螺科（Volutidae），中文種名為「椰子渦螺」，本種是在1786年由Lightfoot所命名發表。

　　木瓜螺在台灣主要分布於西部及東北部海域，棲息在水深約50到100公尺的淺海砂泥底，不過更深的海底也能發現。其食性為肉食性，喜食海底的底棲動物或其貝類。在台灣共有六屬十三種的渦螺科

，其中較具食用價值的渦螺類只有木瓜螺（*Melo melo*）這一種渦螺。

　　木瓜螺的肉質堅硬，易帶有苦味，所以通常先經水煮熟後，再取螺肉並切除內臟，然後以熱炒的方式來料理螺肉。因木瓜螺的肉質及味道不是很美味，因此喜歡食用的人並不多，通常是漁民或潛水者無意間抓到的。但其又圓又大的螺殼卻很有觀賞價值，可以加工成為工藝品。

楊桃螺 *Harpa major*

■中文種名：大楊桃螺　　■別稱：豎琴螺

　　楊桃螺在螺類分類上是屬於新腹足目（Neogastropoda），楊桃螺科（Harpidae），楊桃螺屬（*Harpa*），中文種名為「大楊桃螺」，本種是在1798年由Roeding所命名發表。

　　楊桃螺主要分布於台灣的北部與東北部海域，主要棲息於具有沙泥底質的沿岸海域，食性為肉食性。

　　一般市場上較少看到楊桃螺，楊桃螺雖可食用，但消費者的接受度不高，在市場上也不多見，反而是牠鮮艷的螺殼較受歡迎，常被當成裝飾品。

楊桃螺的殼口大，殼口呈半圓形，外唇平滑，無口蓋，螺殼具有紅褐色的花紋，螺殼內面為白色，螺殼表面十分光滑且具有光澤。

楊桃螺屬於中型螺類，螺殼呈卵圓形，螺塔小且頂端尖，具有明顯且粗的縱肋，肩角具有短棘。

棘蛙螺 *Bufonaria perelegans*

■中文種名：棘蛙螺

棘蛙螺的殼口呈紡錘形，外唇具有齒列，具有角質的卵形口蓋，顏色為黃褐色。

　　棘蛙螺在螺類分類中是屬於異足目（Heteropoda），蛙螺科（Bursidae），赤蛙螺屬（*Bufonaria*），中文種名為「棘蛙螺」，本種是在1987年由Beu所命名發表。

　　台灣只有南部沿海海域有棘蛙螺的分布，喜歡棲息於岩礁、沙質海底或珊瑚礁間，食性為肉食性。棘蛙螺在市場上不多見，常由底拖網捕獲，因為肉少，所以市場接受度不高，也因此鮮少人食用。

棘蛙螺的外殼幾乎是紡錘形，殼十分堅硬，殼面具有很多的刻痕，螺肩具有堅硬且尖銳的短棘，每個螺層都有縱肋且有發達的突瘤，具有前、後水管溝。

鳳　螺　*Babylonia areolata*

▉中文種名：象牙鳳螺　　▉別稱：風螺、花螺、象牙螺　　▉外國名： Areola Babylon

鳳螺在螺類分類上是屬於新腹足目（Neogastropoda），峨螺科（Buccinidae），中文種名為「象牙鳳螺」，本種是在1807年由Link所命名發表。另一種為台灣鳳螺（*Babylonia formosa*）的種與象牙鳳螺十分相似，台灣鳳螺的體型較小，因此有小鳳螺之稱。

鳳螺主要分布於台灣西南部海域，主要棲息於具有沙泥底質的淺海海域，食性為肉食性，但也會吃腐肉，產卵期約在夏季。

鳳螺是台灣十分常見的食用螺類，在小吃攤或餐廳都有以鳳螺為食材的料理。鳳螺的捕抓方式較為特別，漁民在特殊的籠具內放置腥味重的魚肉，然後放到海底以吸引鳳螺進入籠具內。台灣料理鳳螺的方式以熱炒為主，在台灣各地的路邊攤或夜市攤販常可吃到炒鳳螺，另外也可用水煮過後，將螺肉沾醬食用，也可以用烘烤的方式料理，烘烤的鳳螺口感很不錯，別具風味。其他以鳳螺為食材的料理有鹽燒鳳螺、茄汁鳳螺、辣酒煮鳳螺、蒜味鳳螺等等。

鳳螺的外形呈紡錘形，殼頂的那一端尖，口端鈍圓，殼十分堅固，螺層十分明顯且螺塔高，每一層螺塔之間的縫合溝十分明顯。殼的底色為黃褐色，覆蓋著咖啡色的塊狀斑紋，斑紋排列頗為整齊，塊狀的斑紋大多以四方形為主，或是略帶弧度的長方形。螺殼表面十分光滑，螺殼口呈橢圓形，內面顏色為白色，具有口蓋。

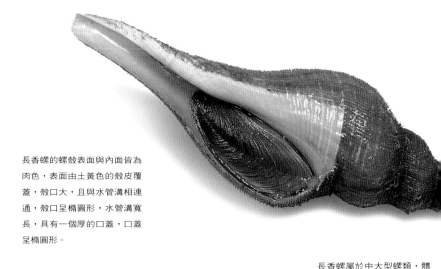

長香螺的螺殼表面與內面皆為肉色，表面由土黃色的殼皮覆蓋，殼口大，且與水管溝相連通，殼口呈橢圓形，水管溝寬長，具有一個厚的口蓋，口蓋呈橢圓形。

長香螺屬於中大型螺類，體型長，螺殼呈雙錐形，約有8個螺層，螺塔呈錐形，具有縱肋。螺層表面皆有螺旋狀的螺肋，螺層由縫合線區分開來，螺層外圍呈弧形，螺殼表面平坦，不具有隆起的瘤或凸出的棘。

長香螺 *Hemifusus colosseus*

■■中文種名：長香螺　　■別稱：海螺　　■外國名：Colossal False Fusus

　　長香螺在螺類分類上是屬於新腹足目（Neogastropoda），香螺科（Melong-enidae），中文種名為「長香螺」，本種是在1816年由Lamarck所命名發表。

　　長香螺主要分布於台灣的西部以及南部沿海，而台灣的東北角海域也可發現，喜歡棲息於具有沙泥底質的淺海，食性兼具肉食性與腐食性兩種，以底棲貝類為

食，也會吃死掉的魚類。

　　長香螺為台灣較受歡迎的中大型螺類，因體型大，因此螺肉較多。台灣捕獲長香螺的方式以底拖網為主。要料理長香螺十分方便簡單，只要將螺用水煮熟後，將螺肉取出切片，沾醬即可食用美味的長香螺螺肉了。

褐帶鶉螺也是很常見的種類。

栗色鶉螺的螺殼呈圓形，螺層膨大呈球形，殼薄，螺塔小，螺殼表面具有螺肋，紋帶細密，水管溝短且明顯。螺口大，螺口幾乎呈半圓形，不具有口蓋，螺殼表面顏色為栗色或綠色。

鶉　螺　*Tonna olearium*

■中文種名：栗色鶉螺　　■外國名：Oil-lamp Tun

　　鶉螺在螺類分類上是屬於異足目（teropoda），鶉螺科（Tonnidae），螺屬（*Tonna*），中文種名為「栗色鶉」，本種是在1758年由Linnaeus所命發表。除了栗色鶉螺外，褐帶鶉螺也是常見的種類。

　　台灣四周海域皆有鶉螺的分布，屬於大型的螺類，喜歡棲息於具有沙泥底質海域，為肉食性，以海膽或蟹類為食。

　　鶉螺屬的螺類因外型很像鶉鶉鳥，因被稱為鶉螺，鶉螺屬的外型皆十分相似

，主要差異在於顏色，都是可食用的螺類，其中較具食用價值的鶉螺為栗色鶉螺。栗色鶉螺因體型較大且產量多，因此成為常見的鶉螺，另外褐帶鶉螺也很常見，不過螺類並非台灣漁船的主要漁獲物。鶉螺大多是底拖網作業的漁船較易捕獲，野生的產量多，但因市場接受度不高，因此在市場上販賣的數量很有限。其料理方式與一般大型螺類一樣，煮熟後將肉取出沾醬食用。

牡　蠣　*Crassostrea gigas*

■中文種名：巨牡蠣、長牡蠣

■別稱： 蚵仔、蠔、巨牡蠣

■外國名：Giant Pacific Oyster,
Japanese Oyster(美國加州),Ostra pacifica(西班牙),Huitre pacifique(法國)

　　牡蠣在分類上是屬於異柱目（Aniso-myaria），牡蠣科（Ostreidae），世界共有18屬100多種的牡蠣，分布在台灣的有5個屬10幾個種類，目前市場上最常見的牡蠣中文種名為「巨牡蠣」，本種是在1793年由Thunberg所命名。

　　牡蠣主要分布在台灣的中南部沿海，主要棲息於沿海的潮間帶，以左殼固定於堅固的物體上，食性為濾食性。

　　台灣市面上的牡蠣都是人工飼養的，其養殖大多集中在台灣中南部沿海的潮間帶，養殖方式經過改良後，現也可在內灣或離岸較遠的海域飼養，而不再只侷限於潮間帶。牡蠣的養殖不像一般魚類的養殖需購買魚苗或貝苗，漁民只要將舊的牡蠣殼串在一起，然後在繁殖期間放在特定的區域，讓天然的牡蠣苗附著，放置的地點與時間會影響附著的牡蠣苗之多寡。除非天然苗附生不易，或因地理位置特殊，

才會使用人工的方式來生產牡蠣苗。台灣漁民採集野生苗分成兩個時期，7至8月採集的秋苗以及10月至隔年的4月所採集的春苗，而養殖牡蠣的方式有插竿式、懸掛式、平掛式延繩式等。

　　想到牡蠣的料理，最先想到的是蚵仔煎以及蚵仔麵線，這兩樣可說是台灣非常道地的民間小吃。也有人喜歡生吃剛取出的牡蠣，在國外稱為生蠔，很多人視之為珍品，也是一道著名的法國美食。台灣的家庭一般料理牡蠣的方式，除了蚵仔煎以及蚵仔麵線外，最普遍的就是煮湯了，將牡蠣加薑絲一起煮湯，是一道富營養且兼具美味的蚵仔湯。另外將牡蠣裹粉油炸的蚵仔酥，也是十分受歡迎的料理。另外很多老饕喜歡購買未剝殼的生牡蠣，敲開外殼後以烤的方式料理，有人認為半生不熟的牡蠣最美味，但也有很多人只敢吃烤熟的牡蠣。

蠣的貝殼外型為不規則形，左殼大於右殼。其貝殼邊緣缺乏絞齒，
前閉殼肌退化，而由後閉殼肌負責殼的開閉，左殼負責固著。

▲
海參的體型為兩側對稱的長桶形，前端為口，口周圍
有觸手用來攝食，後端為肛門，身體上有很多疣突，
疣突大多位於背面，是退化的管足，其功能為呼吸以
及感覺，而腹面為用於運動及固著用的管足。

海 參
Stichopus japonicus

海參的身體十分柔軟，
大部分組織是由膠原纖
維所構成的，並非一般
◄ 的肌肉，而這就是我們
所食用的部分。

■ 中文種名：仿刺參　　■ 別稱：刺參
■ 外國名：Japanese Common Sea Cucumber, Trepang

　　海參為棘皮動物中的海參綱，台灣約
有5科13屬29種的海參，在台灣以「仿
刺參」為主要的食用海參。

　　海參主要棲息於淺海的沙泥底或礁岩
地帶，生活型態很多樣，有的利用口部
的觸手捕食海水中的懸浮物，或是在珊
瑚礁的礁岩上撿食有機碎屑，而大部分
常見的海參則是直接吞食海底的沙泥，
以攝食其中可食的部分，再將不可食的
沙泥由肛門排出。海參為雌雄異體，產
卵期大多在春天至夏天期間發生。

　　在台灣所食用的海參都是野生的個
體，全靠進口，目前無人工養殖。海參並
沒有太多的營養成分，也不容易消化，因
此只是享受咀嚼的口感。選購海參時以短
胖的個體為佳，疣足明顯、身體堅硬、有
彈性是比較新鮮的海參，如果體表黏液很
多，體表很滑或是柔軟沒有彈性，都是比
較不新鮮的海參。

　　海參料理可以與其他菜一起炒或是當
作煮湯的配料，另外其腸子也可食用，醃
漬海參腸子是很不錯的小菜，日本人則特
別喜歡吃醋拌生海參。

鎖 管 *Loligo edulis*

■中文種名：真鎖管、劍尖槍烏賊

■別稱： 小捲、中捲、正鎖管（小型）、透抽（大型）、柔魚

■外國名： Swordtip Squid,Southern Squid,

Sea-arrow,Inkfish(美國加州),),Muik-klouy(泰國)

鎖管在軟體動物的分類上是屬於管魷目（Teuthida），槍烏賊科（Loliginidae），鎖管屬（*Loligo*），台灣使用的中文種名為「真鎖管」，本種是在1885年由Hoyle所命名發表。

鎖管主要分布於台灣海峽及台灣的東北角海域，春季到秋季為產卵期，將卵產於沙質的海床上，產卵的深度由水深20公尺到100公尺深之間都有。鎖管的壽命大約只有一年，食性為肉食性，以捕食魚類或蝦類為食。每年的6月至8月為盛產期，剛捕獲的鎖管因為容易因自身消化而發臭，因此一捕獲就要立刻以滾水燙過，以避免發臭，捕撈方式以火誘網為主。

鎖管非常容易與魷魚混淆，兩者外觀極為相似，以下簡單比較兩者之間差異：
◎眼睛構造的差異：鎖管的眼睛外具有透明的膜覆蓋，僅具有細小的孔與外界相通，而魷魚則與鎖管相反，不過這是在活體狀態下的差異，而死後的鎖管眼球是模糊不清的，魷魚則是張開且依然十分清澈。
◎漏斗管的差異：鎖管的漏斗管外觀呈「｜」型，魷魚的漏斗管呈「⊥」型。

◎鰭外形的差異：魷鰭位於頭部尖端的兩側，鎖管的鰭呈縱菱形，而魷鰭則呈橫菱形。其他的差異在殼、顎及生殖巢的形狀，不容易由外觀看出，必須將兩者解剖才易分辨。

鎖管在市場上十分常見，甚至在超級市場也可購買到冷藏的透抽，其營養豐富，蛋白質含量約16%至20%左右，且肉中含有豐富的牛磺酸。

鎖管的幼體在市場上稱為「小捲」，而成體則稱為「中捲」或「透抽」，其實都是一樣的種類，只是依據年齡不同而有不同的名稱罷了。如果沒事先清理鎖管的內臟而直接炒或是蒸，然後整尾食用時，常會把嘴巴弄得髒兮兮的，這是因為其體內的墨汁還在。而一般體型較小的鎖管（或稱為小捲），大多醃製成鹹小捲，台語話為「西圭」，醃製的鹹小捲最適合拿來當下酒菜，這也是50年代台灣北部沿岸漁村常見的佐飯菜餚。鎖管還可以用快炒或蒸的方式料理，而較大的透抽（或稱中捲）則可用炭烤、三杯或水煮方式料理。

鎖管的胴部為長圓錐形，成體體長約可達40公分。鰭為長菱形，且長度約佔體長的一半，觸手相當短，有兩條幾乎比身體還長的觸手。其體色為紅褐色，興奮時體色會快速改變，死後顏色較黑、較暗淡。

兩條幾乎比身體還長的觸手

鹹小捲的營養價值

政院衛生署的營養成分分析，每克重的鹹小捲所含的成分如下：熱Kcal，水分64.5克，粗蛋白20.1克肪1.3克，碳水化合物1.9克，灰份，膽固醇460毫克，維生素B1克，維生素B2 0.05毫克，維生素2毫克，維生素B12 4.57毫克，菸0毫克，鈉4250毫克，鉀180毫克0毫克，鎂173毫克，磷505毫克毫克，鋅2.0毫克。

鎖管的營養價值

行政院衛生署的營養成分分析，每100公克重的鎖管所含的成分如下：熱3.92Kcal，水分81克，粗蛋白16.0克，粗脂肪0.4克，碳水化合物1.6克，1.2克，膽固醇315.9毫克，維生素B1 0.05毫克，維生素B2 0.06毫克，維B6 0.04毫克，維生素B124.22毫克，菸鹼素3.80毫克，鈉249毫克，鉀毫克，鈣11毫克，鎂48毫克，磷166毫克，鐵1毫克，鋅1.7毫克。

章　魚 *Octopus vulgaris*

▊中文種名：真蛸　　▊別稱： 望潮、八代、土婆、厚水仔、飯章魚、長腳章魚

▊外國名：Octopus,Poulp,Sucker(美國加州、英國),Pieuvre(法國),

Pulpo(西班牙、智利),Polp(西班牙),Poulpe,Polpo,Karnita

台灣所看到的章魚，在分類上都是屬於章魚目（Octopoda），章魚科（Octopodidae），章魚屬（*Octopus*），其中最為常見的真章魚，中文種名為「真蛸」，本種是在1797年由Cuvier所命名的。

台灣四周海域皆有章魚的分布，但因其主要棲息於岩礁海域，而台灣西部的沙質環境並不適合章魚棲息，因此西部海域較少發現章魚，而北部以及南部較常見。章魚屬於夜行性動物，白天躲藏於岩洞中，或是海底任何的人造廢棄物內，只要是可以躲藏的都可以棲息，晚上才會離開躲藏的洞穴外出覓食。食性為肉食性，以小魚、甲殼類動物或貝類為食。章魚智商高，國外不少專家研究章魚的習性，發現每隻章魚有固定的洞穴，不管離開到多遠地方去覓食，都一樣會回到固定的洞穴。

章魚是很常見的食用頭足類，在魚市場十分普遍，章魚不僅美味營養，烹調後的肉質彈性更是讓人難忘。其肉質的美味是因肌肉中含有豐富的甜菜鹼，而肌肉的彈性佳，使章魚的肉質美味又具有咬勁。章魚的利用方式很多，最簡單的料理方式就是以水燙過冷卻後，再切片沾醬或是加美乃滋食用。新鮮的章魚也可做成生魚片，逛漁港的魚市場常可見一個個的網袋，網袋裡面裝的就是活章魚，網袋可以避免章魚逃脫，而體型較大的章魚，在餐廳常會料理成「一章三吃」。不過章魚的鮮度不容易辨別，因此最好還是選擇購買活章魚，或是選擇肌肉彈性佳的章魚肉。

章魚的8隻腕足上都有明顯的吸盤。

章魚的營養價值

根據行政院衛生署的營養成分分析，每100公克重的章魚所含的成分如下：熱量61Kcal，水分84.6克，粗蛋白13.0克，粗脂肪0.6克，碳水化合物0.9克，灰份0.9克，膽固醇183毫克，維生素B2 0.17毫克，維生素B6 0.03毫克，維生素B125.52毫克，菸鹼素1.20毫克，維生素C0.5毫克，鈉230毫克，鉀55毫克，鈣14毫克，鎂44毫克，磷111毫克，鐵6.1毫克，鋅0.5毫克。

章魚的頭部佔身體極大的比例，
顯見其智商頗高。

章魚的身體分成頭部、胴
部與腕部等三個部分。章
魚的頭部巨大，腕部有8
隻腕，這是章魚和烏賊、
鎖管區分的特徵，烏賊、
鎖管有10隻腕。

花　枝　*Sepia esculenta*

■■■中文種名：真烏賊、金烏賊

■■■別稱： 烏賊、墨魚、目賊、烏子

■■■外國名：Cuttle Fish(美國加州、香港),

　　Sepia (西班牙),Muik-kradong(泰國)

　　花枝在分類上是屬於烏賊目（Sepioidea）
，烏賊科（Sepiidae），烏賊屬（*Sepia*），
台灣使用的中文種名為「真烏賊」，本種在
1885 年由Holyle所命名發表。

　　花枝為肉食性的軟體動物，生活於外海
或海灣與外海的交界處，並棲息於有豐富隱
蔽物的環境，例如海草或岩石等。活的花枝
體色透明，並有紫褐色的斑點，體色會隨著
環境而改變，這是花枝躲避敵害的保護色，
每當遇到危險時會噴出黑色的墨汁以擾亂敵
人的視線，再趁機逃逸以躲避敵害。

　　台灣花枝大多分布於西部或北部沿海，
漁場以新竹南寮為中心，台灣捕獲的花枝種
類很多，但以真烏賊最為常見。花枝有很強
的向光性，因此漁民利用晚上出海，以很亮
的集魚燈誘引花枝靠近漁船再加以捕撈。台
灣的花枝來源以天然捕獲為主，養殖花枝的
數量十分稀少，只有在日本才有養殖花枝的
供應。

　　剛捕獲的活花枝是生魚片的最佳材料，
鮮美具彈性的肉質深受歡迎，另外在台灣料
理花枝大多以燙熟後沾酌料食用，快炒以及
油炸的方式也是很常見的。

花枝的鰭厚度薄，
圍繞於身體邊緣。
其體型厚實，偏橢
圓形，觸手短，腕
部共有10隻。

Percoidei 鱸形目常見食用魚之科別】鰺 科 Carangidae

《甘仔魚》P.26

《紅衫》P.20

《仔》P.32

《四破魚》P.36

《巴攏魚》P.33

《黃尾瓜》P.34

《雙帶鰺》P.37

《唱》P.162

《紅甘》P.35

《紅目甘仔》P.142

【鱸形目常見食用魚之科別】 鯖 科 Scombridae

《煙仔虎》 P.42

《白北仔》 P.40

《土魠魚》 P.41

《花腹鯖》 P.39

《白腹鯖》 P.38

【鱸形目常見食用魚之科別】 石首魚科 Sciaenidae

《黑鯪》 P.46

《黑喉》 P.43

《帕頭仔》 P.46

《黃魚》 P.9

《鮸仔》 P.166

《紅鼓魚》

《紅條》 P.67

《七星斑》 P.66

《石斑的一種》 P.69

《紅石斑 》 P.65

《石斑的一種》 P.144

《玳瑁石斑魚》 P.68

《石斑的一種》 P.144

鯛 科 Sparidae

Percoidei
【鱸形目常見食用魚之科別】

《赤鯮》P.76

《加納魚》P.143

《黑格》P.160

《盤仔魚》P.77

笛鯛科 Lutjanidae

Percoidei
【鱸形目常見食用魚之科別】

《紅魚》P.79

《赤筆》P.78

《烏尾冬》P.82

金線魚科Nemipteridae

Percoidei
【鱸形目常見食用魚之科別】

《紅尾冬

《金線連魚》P.80

《紅海鯽仔》P.93

《金線魚》P.81

菜市場魚圖鑑的學名一覽表 《魚鮮家族學名索引》

【食用蝦蟹貝學名索引】

菜市場名稱中文索引

A MARKET GUIDE TO

菜市場 魚圖鑑

◎作者／吳佳瑞、賴春福

◎攝影／潘智敏

◎美術設計／黃一峯

◎大樹自然生活系列總編輯兼創辦人／張蕙芬

◎出版者／遠見天下文化出版股份有限公司

◎創辦人／高希均、王力行

◎遠見‧天下文化 事業群榮譽董事長／高希均

◎遠見‧天下文化 事業群董事長／王力行

◎天下文化社長／王力行

◎天下文化總經理／鄧瑋羚

國際事務開發部兼版權中心總監／潘欣

◎法律顧問／理律法律事務所陳長文律師

◎著作權顧問／魏啟翔律師

◎社址／臺北市 104 松江路 93 巷 1 號

◎讀者服務專線／（02）2662-0012

　傳真／（02）2662-0007；2662-0009

◎電子信箱／ cwpc@cwgv.com.tw

◎直接郵撥帳號／ 1326703-6 號　天下遠見出版股份有限公司

◎製版廠／東豪印刷事業有限公司

◎印刷廠／鴻源彩藝印刷有限公司

◎裝訂廠／聿成裝訂股份有限公司

◎登記證／局版台業字第 2517 號

◎總經銷／大和書報圖書股份有限公司　電話／（02）8990-2588

◎出版日期／ 2024 年 3 月 20 日第一版第 35 次印行

◎定價／ 580 元

◎ISBN：986-417-682-X

◎書號：BBT1001

◎天下文化官網　bookzone.cwgv.com.tw

國家圖書館出版品預行編目資料

菜市場魚圖鑑／吳佳瑞，賴春福作；潘智敏攝影
-- 第一版. -- 臺北市：遠見天下文化, 2006〔民95〕
面；　公分. --（大樹經典自然圖鑑系列；1）
ISBN 986-417-682-X（精裝）

1.魚 – 圖錄

388.5024　　　　　　　　　　95006564

A MARKET GUIDE FOR FISHES & OTHERS